高等学校电子信息类系列教材

U0159568

电子元器件及其应用

主　编　何柏青　王自敏　吴允强

副主编　邓荣春　周亦人　张劲恒

　　　　姚卫国　孙正凯

主　审　罗中华

西安电子科技大学出版社

内 容 简 介

本书是电子专业的入门级教材，主要分为两个部分，共 15 章。其中，第 1 章至第 8 章是电子元器件部分，汇集了电子技术中多种常用的电子元器件，简明论述了其结构原理、主要特性、应用方法等，包括电阻器，电容器，电感器，半导体元件，电声器件，光电器件，开关、插接件与继电器，集成电路；第 9 章至第 15 章是电子制作部分，介绍了电子技术中用到的工具、电路板焊接技术及仪表的使用、印制电路板的设计和制作，具体内容包括安全用电、电子工程识图、常用电子装配工具与材料的使用、焊接与工艺、常用仪表的使用、印制电路板设计与制作和电子技能应用电路制作；第 15 章介绍部分实用电路的制作，用于实践教学。

本书可作为电子信息、自动化、机电一体化以及计算机等专业的教材，同时也可作为电子设计制作竞赛的参考书，对初级电子工程技术人员、电子爱好者也具有一定的参考价值。

图书在版编目(CIP)数据

电子元器件及其应用 / 何柏青，王自敏，吴允强主编. —西安: 西安电子科技大学出版社，2021.11(2022.7 重印)
ISBN 978–7–5606–6004–2

Ⅰ. ①电⋯ Ⅱ. ①何⋯ ②王⋯ ③吴⋯ Ⅲ. ①电子元件—教材 ②电子器件—教材
Ⅳ.①TN6

中国版本图书馆 CIP 数据核字(2021)第 027993 号

策　　划　明政珠
责任编辑　郑一锋　南　景
出版发行　西安电子科技大学出版社(西安市太白南路 2 号)
电　　话　(029)88202421　88201467　　　　邮　　编　710071
网　　址　www.xduph.com　　　　　　电子邮箱　xdupfxb001@163.com
经　　销　新华书店
印刷单位　陕西日报社
版　　次　2021 年 11 月第 1 版　　2022 年 7 月第 2 次印刷
开　　本　787 毫米×1092 毫米　1/16　印张 14
字　　数　329 千字
印　　数　3001～5000 册
定　　价　38.00 元
ISBN　978–7–5606–6004–2 / TN
XDUP 6306001–2
***如有印装问题可调换

前　言

　　随着我国高等教育从精英教育向大众教育的转变，高等学校的培养模式从单一的研究型培养模式转变为多样化的培养模式。绝大多数的高等学校都立足于经济建设，面向社会、面向企业，以培养实用型、复合型的应用人才为目标，构建自己的人才培养模式。目前电子技术已广泛应用于日常生活的各个方面，并且在科学研究、文化教育、工农业生产、医疗卫生、国防建设等许多领域产生了重大影响。

　　电子元器件是各类电子产品的核心组成，掌握电子元器件的相关知识是学习电子技术的一个重要环节。本书着重培养学生的专业学习能力、分析能力和应用知识解决问题的能力，力图使学生通过学习本书不但能够很好地掌握电子方面的知识，还能产生浓厚的学习兴趣，培养其技术创新理念。学生在学习模拟电子技术、数字电子技术等基础理论课程时，配合本书的学习和训练，可以系统地了解电子元器件知识和常用仪器仪表的使用方法。学生可通过制作电子产品，掌握基本的电子工艺和电子装配技能，提高对基本理论的理解与应用能力，为毕业后从事电子技术工作打下扎实的基础。

　　本书是编者在总结多年教学经验以及企业工作亲身体验的基础上编写的，在内容的编排上以实用、够用为度。

　　本书由何柏青、王自敏、吴允强担任主编，邓荣春、周亦人、张劲恒、姚卫国、孙正凯担任副主编，全书由罗中华主审。

　　由于编者水平有限，书中难免存在不妥和疏漏之处，恳请广大读者批评指正。

编　者

2021 年 2 月

目　　录

电子元器件部分

电子制作部分

电子元器件部分

第1章 电 阻 器

电阻器(Resistor)在日常生活中一般直接称为电阻。阻值固定的电阻器一般有两个引脚，是一个限流元件，可限制通过它所连支路的电流大小。阻值不能改变的称为固定电阻器；阻值可变的称为电位器或可变电阻器。理想的电阻器是线性元件，即通过电阻器的瞬时电流与外加瞬时电压成正比($R = U/I$)。

电阻的英文名是 Resistance，通常用 R 来表示，它反映了导体的一种基本性质，电阻的阻值与导体的尺寸、材料、温度有关。根据欧姆定律，有 $I = U/R$，于是可得 $R = U/I$。电阻的基本单位是欧姆，用希腊字母"Ω"表示。电阻的主要职能就是阻碍电流流过。实际上，"电阻"一词指的是材料与一种物理性质，而通常在电子产品中使用的"电阻"是指电阻器这种元件。表示电阻阻值的常用单位还有千欧(kΩ)、兆欧(MΩ)等，其图形符号如图 1-1 所示。

图 1-1　电阻器的图形符号

1.1　电 阻 器

1. 普通电阻器的种类

由于新材料、新工艺的不断发展，电阻器的品种不断增多。电阻器通常分为三类：固定电阻器、可调电阻器(电位器)及特殊电阻器。

(1) 固定电阻器，如膜式电阻器、线绕电阻器、实芯电阻器。膜式电阻器中的碳膜电阻器是常用的电阻器。

(2) 可调电阻器，如单联电位器、带开关电位器、锁紧电位器、抽头电位器、多联电位器等。

(3) 特殊电阻器，如敏感电阻器、贴片电阻器、保险电阻器、集成电阻器、电力电阻器，其中敏感电阻器在后面会讲到。

2. 普通电阻器的命名方法

根据国家标准 GB/T2470—1995《电子设备用固定电阻器、固定电容器型号命名方法》的规定，电阻器的型号由 4 部分组成(见表 1-1)：第一部分用字母表示电阻器的主称；第二部分用字母表示电阻器的主要材料；第三部分用数字或字母表示产品的主要特征；第四部分用数字表示序号，以区别电阻器的外形尺寸和性能指标。

表 1-1 电阻器型号命名方法

第一部分(主称)		第二部分(材料)		第三部分(特征分类)		第四部分(序号)
符号	意义	符号	意义	符号	意义	
R	电阻器	T	碳膜	1、2	普通	包括：额定功率 标称阻值 允许误差 精度等级等
		I	玻璃釉膜	3	超高频	
		J	金属膜	4	高阻	
		Y	氧化膜	5	高温	
		S	有机实芯	7	精密	
		X	线绕	8	高压	
		N	无机实芯	9	特殊	
		H	合成膜	G	高功率	

电阻器型号命名示例如下。

精密金属膜电阻器：

R J 7 3
第四部分：序号
第三部分：特征分类(精密)
第二部分：材料(金属膜)
第一部分：主称(电阻器)

多圈线绕电位器：

W X D 3
第四部分：序号
第三部分：特征分类(多圈)
第二部分：材料(线绕)
第一部分：主称(电位器)

3. 普通电阻器的识别

电阻器阻值和允许误差常用的标志方法有下列 3 种。

1) 直接标志法

直接标志法是将电阻器的阻值和误差等级直接用数字印在电阻器上。对小于 1000 Ω 的阻值只标出数值，不标单位；对 kΩ、MΩ 只标注 k、M；精度等级标 Ⅰ 级或 Ⅱ 级，Ⅲ 级不标明。

2) 文字符号法

文字符号法是将需要标志的主要参数与技术指标用文字、数字和符号有规律地标注在产品表面上，如欧姆用 Ω 表示，千欧用 k 表示，兆欧(10^6 Ω)用 M 表示，吉欧(10^9 Ω)用 G

表示，太欧(10^{12} Ω)用 T 表示。

3) 色环标志法

色环标志法的含义是对体积很小的电阻和一些合成电阻器，常用色环来标注其阻值和误差，如图 1-2 所示。色环标志法有 4 环和 5 环两种。4 环电阻的第 1 道环和第 2 道环分别表示电阻的第 1 位和第 2 位有效数字，第 3 道环表示 10 的乘方数(10^n，n 为颜色所表示的数字)，第 4 道环表示允许误差(若无第 4 道色环，则误差为(±20%))。色环电阻器的单位为 Ω。

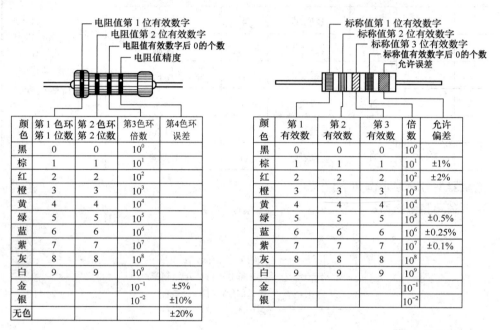

颜色	第1色环 第1位数	第2色环 第2位数	第3色环 倍数	第4色环 误差
黑	0	0	10^0	
棕	1	1	10^1	
红	2	2	10^2	
橙	3	3	10^3	
黄	4	4	10^4	
绿	5	5	10^5	
蓝	6	6	10^6	
紫	7	7	10^7	
灰	8	8	10^8	
白	9	9	10^9	
金			10^{-1}	±5%
银			10^{-2}	±10%
无色				±20%

颜色	第1有效数	第2有效数	第3有效数	倍数	允许偏差
黑	0	0	0	10^0	
棕	1	1	1	10^1	±1%
红	2	2	2	10^2	±2%
橙	3	3	3	10^3	
黄	4	4	4	10^4	
绿	5	5	5	10^5	±0.5%
蓝	6	6	6	10^6	±0.25%
紫	7	7	7	10^7	±0.1%
灰	8	8	8	10^8	
白	9	9	9	10^9	
金				10^{-1}	
银				10^{-2}	

(a) 普通型　　　　　　　　　　　　　　　(b) 精密型

图 1-2　电阻器的色环标志法

现在普遍使用的是精密电阻器，精密电阻器一般用 5 道色环标注，它用前 3 道色环表示 3 位有效数字，第 4 道色环表示 10^n(n 为颜色所代表的数字)，第 5 道色环表示阻值的允许误差。

采用色环标志的电阻(位)器，颜色醒目，标志清晰，不易褪色，从不同的角度都能看清阻值和允许偏差。目前，国际上广泛采用色环标志法。色环与数字的对应关系可以编成口诀：

棕 1 红 2 橙上 3，4 黄 5 绿 6 是蓝，

7 紫 8 灰 9 雪白，黑色是 0 须记牢。

4. 普通电阻器的参数

电阻器和电位器的主要特性参数有：标称电阻值和允许误差、额定功率、最高工作电压、噪声电动势等。

1) 标称阻值和允许误差

(1) 线绕电阻器和固定非线绕电阻器的标称阻值应符合表列数值之一(或表列数值再

乘以 10^N，其中 N 为正数)。

(2) 线绕电位器的标称阻值采用 E12、E6 两个系列，允许误差分为 ±10%、±5%、±2%、±1% 四种，后两种仅限必要时采用。

(3) 非线绕电位器的标称阻值采用 E12、E6 两个系列，允许误差分为 ±20%、±10%、±5%、三种，±5% 仅限必要时采用。

2) 额定功率

电阻器的额定功率是指电阻器在大气压力为 $(99.99\pm4)\times10^3$ Pa(750 ± 30 mmHg)和在规定的温度条件下，长期连续负荷所容许消耗的最大功率。它并不是电阻器在电路中工作时一定要消耗的功率，而是电阻器在电路工作中所允许消耗的最大功率。

3) 最高工作电压

最高工作电压是指电阻器长期工作不发生过热或电击穿损坏时的电压。如果电压超过规定值，电阻器内部会产生火花，引起噪声，甚至损坏。

4) 噪声电动势

电阻器的噪声电动势在一般电路中可以不考虑，但在弱信号系统中不可忽视。

线绕电阻器的噪声只限定于热噪声(分子扰动引起)，仅与阻值、温度和外界电压的频带有关。薄膜电阻除了热噪声外，还有电流噪声，这种噪声近似地与外加电压成正比。

电阻器使用在高频条件下，要考虑其固有电感和固有电容的影响。这时，电阻器变为一个直流电阻(R_0)与分布电感串联、然后再与分布电容并联的等效电路，非线绕电阻器的 L_R(分布电感)为 $0.01\sim0.05$ μH，C_R(分布电容)为 $0.1\sim5$ pF，线绕电阻器的 L_R 达几十微亨，C_R 达几十皮法，即使是无感绕法的线绕电阻器，L_R 仍有零点几微亨。

5. 普通电阻器的结构和特点

1) 碳膜电阻

碳膜电阻是由气态碳氢化合物在高温和真空中分解，碳沉积在瓷棒或者瓷管上，形成一层结晶碳膜而制成的。改变碳膜厚度和用刻槽的方法变更碳膜的长度，可以得到不同的阻值。碳膜电阻成本较低，性能一般。

2) 金属膜电阻

金属膜电阻是通过在真空中加热合金，合金蒸发，使瓷棒表面形成一层导电金属膜而制成的。刻槽和改变金属膜厚度可以控制阻值。金属膜电阻和碳膜电阻相比，具有体积小、噪声低、稳定性好等优点，但成本较高。

3) 碳质电阻

碳质电阻是把碳黑、树脂、黏土等混合物压制后经过热处理制成的。在这种电阻上用色环表示它的阻值。碳质电阻成本低、阻值范围宽，但性能差，很少采用。

4) 线绕电阻

线绕电阻是用康铜或者镍铬合金电阻丝，在陶瓷骨架上绕制而成的。这种电阻分固定和可变两种。线绕电阻的特点是工作稳定、耐热性能好、误差范围小，适用于大功率的场合，额定功率一般在 1 W 以上。

1.2 电 位 器

1. 电位器的主要特性参数

表征电位器性能的参数很多，如额定功率、标称阻值、阻值变化规律、动噪声、零位电阻、接触电阻、湿度系数、绝缘电阻、耐磨寿命、最大工作电压、精度等级等。下面介绍几个常用参数。

1) 额定功率

电位器的额定功率是指在一定的大气压及规定湿度下，电位器能连续正常工作时所消耗的最大允许功率。电位器的额定功率也是按照标称系列进行标注的，而且线绕电位器与非线绕电位器有所不同。

2) 标称阻值

标在电位器上的阻值叫作标称阻值，其值等于电位器两固定引脚之间的阻值。其系列与电阻的系列类似。

3) 精度等级

实测阻值与标称阻值之间存在一定误差，根据不同精度等级可允许有±20%、±10%、±5%、±2%、±1%的误差。精密电位器的精度误差可达 0.1%。

4) 阻值变化规律

阻值变化规律是指电位器的阻值随滑动片触点旋转角度(或滑动行程)而变化的关系，这种变化关系可以是任何函数形式，常用的有直线式、对数式和反转对数式(指数式)。

在使用中，直线式电位器适合于作分压器。反转对数式(指数式)电位器适合于作收音机、录音机、电唱机、电视机中的音量控制器，维修时若找不到这类反转对数式电位器，可用直线式电位器代替，但不宜用对数式电位器代替。对数式电位器只适合于进行音调控制等。

2. 几种常用电位器

1) 有机实芯电位器

有机实芯电位器是由内导电材料与有机填料、热固性树脂配制成电阻粉，经过热压，在基座上形成实芯电阻体而制成的。该电位器的特点是结构简单、耐高温、体积小、寿命长、可靠性高，可焊接在电路板上作微调使用；其缺点是耐压低、噪声大。

2) 线绕电位器

线绕电位器是用合金电阻丝在绝缘骨架上绕制成电阻体而制成的，其中心抽头的簧片可在电阻丝上滑动。线绕电位器用途广泛，可制成普通型、精密型和微调型电位器，且额定功率比较大、电阻的温度系数小、噪声低、耐压高。

3) 合成膜电位器

合成膜电位器是通过在绝缘基体上涂敷一层合成碳膜，经加温聚合后形成碳膜片，再与其他零件组合而成的。这类电位器的阻值变化连续、分辨率高、阻值范围宽(从几百欧到几兆欧)、成本低，但对温度和湿度的适应性差，且使用寿命短、滑动噪声大，随着使用时间的增长，其噪声也会不断增大。

1.3 敏感电阻器

1. 光敏电阻

光敏电阻又称光敏电阻器或光导管，其常用的制作材料为硫化镉，另外还有硒、硫化铝、硫化铅和硫化铋等。这些制作材料具有在特定波长的光照射下，其阻值会迅速减小的特性。这是由于光照产生的载流子都参与导电，在外加电场的作用下做漂移运动，电子奔向电源的正极，空穴奔向电源的负极，从而使光敏电阻器的阻值迅速下降。光敏电阻的图形符号如图 1-3 所示。

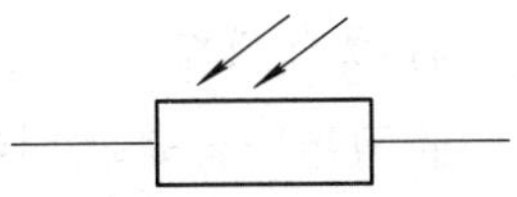

图 1-3 光敏电阻图形符号

1) 光敏电阻的分类

(1) 按光敏电阻器的制作材料分类。

光敏电阻器按其制作材料的不同可分为多晶光敏电阻器和单晶光敏电阻器，还可分为硫化镉(CdS)光敏电阻器、硒化镉(CdSe)光敏电阻器、硫化铅(PbS)光敏电阻器、硒化铅(PbSe)光敏电阻器、锑化铟(InSb)光敏电阻器等多种。

(2) 按光谱特性分类。

光敏电阻器按其光谱特性的不同可分为可见光光敏电阻器、紫外光光敏电阻器和红外光光敏电阻器。

可见光光敏电阻器主要用于各种光电自动控制系统，电子照相机和光报警器等电子产品中；紫外光光敏电阻器主要用于紫外线探测仪器；红外光光敏电阻器主要用于天文、军事等领域的有关自动控制系统中。

2) 光敏电阻器的主要参数

光敏电阻器的主要参数有亮电阻(R_L)、暗电阻(R_D)、最高工作电压(V_M)、亮电流(I_L)、暗电流(I_D)、时间常数、温度系数、灵敏度等。

(1) 亮电阻：亮电阻是指光敏电阻器受到光照射时的电阻值。

(2) 暗电阻：暗电阻是指光敏电阻器在无光照射(黑暗环境)时的电阻值。

(3) 最高工作电压：最高工作电压是指光敏电阻器在额定功率下所允许承受的最高电压。

(4) 亮电流：亮电流是指在有光照射时，光敏电阻器在规定的外加电压下受到光照时所通过的电流。

(5) 暗电流：暗电流是指在无光照射时，光敏电阻器在规定的外加电压下通过的电流。

(6) 时间常数：时间常数是指光敏电阻器从光照跃变开始到稳定亮电流的 63%时所需的时间。

(7) 温度系数：温度系数是指光敏电阻器在环境温度改变 1℃时，其电阻值的相对变化。

(8) 灵敏度：灵敏度是指光敏电阻器在有光照射和无光照射时电阻值的相对变化。

3) 光敏电阻的暗电阻、暗电流、亮电阻、亮电流、光电流及其关系

光敏电阻在室温条件下，全暗(无光照射)后经过一定时间测量的电阻值，称为暗电阻；此时在给定电压下流过的电流就是暗电流。

光敏电阻在某一光照下的阻值，称为该光照下的亮电阻；此时流过的电流就是亮电流。

亮电流与暗电流之差就是光电流。光敏电阻的暗电阻越大，而亮电阻越小则性能越好。也就是说，暗电流越小，光电流越大，这样的光敏电阻的灵敏度越高。

实用的光敏电阻的暗电阻往往超过 1 MΩ，甚至高达 100 MΩ，而亮电阻则在几千欧以下，暗电阻与亮电阻之比通常在 $10^2 \sim 10^6$ 之间，可见光敏电阻的灵敏度很高。

4) 工作原理

光敏电阻器是利用半导体的光电效应制成的一种电阻值随入射光的强弱而改变的电阻器；半导体的导电能力取决于半导体导带内载流子数目的多少。当光敏电阻受到光照时，价带中的电子吸收光子能量后跃迁到导带，成为自由电子，同时产生空穴，电子-空穴对的出现使电阻率变小。光照越强，光生电子-空穴对就越多，电阻值就越低。当光敏电阻两端加上电压后，流过光敏电阻的电流随光照的增强而增大。入射光消失，电子-空穴对逐渐复合，电阻也逐渐恢复原值，电流也逐渐减小。光敏电阻器一般用于光的测量、光的控制和光电转换(将光的变化转换为电的变化)。光敏电阻的主要参量有暗电阻、亮电阻、光谱范围、峰值波长和时间常量等。其基本特性有伏安特性、光照特性、光谱特性等。伏安特性是指在一定光照度下，加在光敏电阻两端的电压和光电流之间的关系。光照特性是指在一定外加电压下，光敏电阻的光电流与光照度的关系。

2. 热敏电阻

热敏电阻是敏感元件中的一类，按照温度系数的不同可分为正温度系数热敏电阻器(简称 PTC)和负温度系数热敏电阻器(简称 NTC)。热敏电阻器的典型特点是对温度敏感，在不同的温度下可表现出不同的电阻值。正温度系数热敏电阻器温度越高时电阻值越大，负温度系数热敏电阻器温度越高时电阻值越低，它们同属于半导体器件。热敏电阻的图形符号如图 1-4 所示。

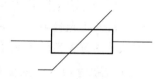

图 1-4　热敏电阻图形符号

1) 热敏电阻分类

(1) PTC。

PTC(Positive Temperature Coefficient)是指在某一温度下电阻急剧增加，具有正温度系数的热敏电阻现象和材料，可专门用作恒定温度传感器。该材料是以 $BaTiO_3$、$SrTiO_3$ 或 $PbTiO_3$ 为主要成分的烧结体，其中掺入微量的 Nb、Ta、Bi、Sb、Y、La 等氧化物进行原子价控制而使之半导化，常将这种半导体化的 $BaTiO_3$ 等材料简称为半导瓷(体)；同时还添加能够增大其正电阻温度系数的 Mn、Fe、Cu、Cr 的氧化物和起其他作用的添加物，采用一般陶瓷工艺成形、高温烧结而使钛酸铂等及其固溶体半导化，从而得到正特性的热敏电阻材料。其温度系数及居里温度随组分及烧结条件(尤其是冷却温度)不同而变化。

钛酸钡晶体属于钙钛矿型结构，是一种铁电材料，纯钛酸钡是一种绝缘材料。在钛酸钡材料中加入微量稀土元素，进行适当热处理后，在居里温度附近，其电阻率会陡增几个数量级，产生 PTC 效应，此效应与 $BaTiO_3$ 晶体的铁电性及其在居里温度附近材料的相变

有关。钛酸钡半导瓷是一种多晶材料,晶粒之间存在着晶粒间界面。当达到某一特定温度或电压时,该半导瓷的晶体粒界(晶粒间界)就会发生变化,从而使电阻急剧变化。

钛酸钡半导瓷的 PTC 效应起因于粒界。对于导电电子来说,晶粒间界面相当于一个势垒。当温度低时,由于钛酸钡内电场的作用,导致电子极容易越过势垒,则电阻值较小;当温度升高到居里温度(即临界温度)附近时,内电场受到破坏,它不能帮助导电电子越过势垒,这相当于势垒升高,会使电阻值突然增大,产生 PTC 效应。钛酸钡半导瓷的 PTC 效应的物理模型有海望表面势垒模型、丹尼尔斯等人的钡缺位模型和叠加势垒模型,它们分别从不同方面对 PTC 效应作出了合理解释。

实验表明,在工作温度范围内,PTC 热敏电阻的电阻-温度特性可近似用实验公式表示:

$$R_T = R_{T_0} \times e^{B_p(T-T_0)} \tag{1.1}$$

式中,R_T 是热敏电阻温度在 T 时的电阻值;R_{T_0} 是热敏电阻在常温 T_0 下的标称阻值;B_p 为热敏电阻的材料常数。这里的 T 和 T_0 是指 K 度即开尔文温度。

PTC 效应起源于陶瓷的粒界和粒界间析出相的性质,并随杂质种类、浓度、烧结条件等而产生显著变化。最近,进入实用化的热敏电阻中有利用硅片的硅温度敏感元件,这是体型小且精度高的 PTC 热敏电阻,由 n 型硅构成,因其中的杂质产生的电子散射随温度上升而增加,从而使电阻增加。

PTC 热敏电阻于 1950 年出现,随后 1954 年出现了以钛酸钡为主要材料的 PTC 热敏电阻。PTC 热敏电阻在工业上可用于温度的测量与控制,也可用于汽车某部位的温度检测与调节,还大量用于民用设备,如控制瞬间开水器的水温、空调器与冷库的温度。

PTC 热敏电阻除用作加热元件外,同时还能起到"开关"的作用,兼有敏感元件、加热器和开关三种功能,称之为"热敏开关"。电流通过元件后引起温度升高,即发热体的温度上升,当超过居里温度后,电阻增加,从而限制电流增加,于是电流的下降导致元件温度降低,电阻值的减小又使电路电流增加,元件温度升高,周而复始,因此具有使温度保持在特定范围的功能,又起到开关作用。利用这种阻温特性做成加热源,作为加热元件应用的有暖风器、电烙铁、烘衣柜、空调等,还可对电器起到过热保护作用。

(2) NTC。

NTC(Negative Temperature Coefficient)是指随温度上升电阻呈指数关系减小、具有负温度系数的热敏电阻现象和材料。该材料是利用锰、铜、硅、钴、铁、镍、锌等两种或两种以上的金属氧化物进行充分混合、成型、烧结等工艺制成的半导体陶瓷,利用这种材料可制成具有负温度系数(NTC)的热敏电阻。其电阻率和材料常数随材料成分比例、烧结气氛、烧结温度和结构状态不同而变化。现在还出现了以碳化硅、硒化锡、氮化钽等为代表的非氧化物系 NTC 热敏电阻材料。

NTC 热敏半导瓷大多是尖晶石结构或其他结构的氧化物陶瓷,具有负的温度系数,电阻值可近似表示为

$$R_T = R_{T_0} \times e^{B_n\left(\frac{1}{T}-\frac{1}{T_0}\right)} \tag{1.2}$$

式中，R_T 是热敏电阻温度在 T 时的电阻值；R_{T_0} 是热敏电阻在常温 T_0 下的标称阻值；B_n 为热敏电阻的材料常数。这里的 T 和 T_0 是指 K 度即开尔文温度。

陶瓷晶粒本身由于温度变化而使其电阻率发生变化，这是由半导体特性决定的。

NTC 热敏电阻器的发展经历了漫长的阶段。1834 年，科学家首次发现了硫化银有负温度系数的特性。1930 年，科学家发现氧化亚铜、氧化铜也具有负温度系数的性能，并将之成功地运用在航空仪器的温度补偿电路中。随后，由于晶体管技术的不断发展，热敏电阻器的研究取得了重大进展。1960 年，科学家研制出了 NTC 热敏电阻器。NTC 热敏电阻器广泛用于测温、控温、温度补偿等方面。

热敏电阻器温度计的精度可以达到 0.1℃，感温时间可至 10 s 以下。它不仅适用于粮仓测温仪，同时也可应用于食品储存、医药卫生、科学种田、海洋、深井、高空、冰川等方面的温度测量。

(3) CTR。

临界温度热敏电阻(Critical Temperature Resistor，CTR)具有负电阻突变特性，在某一温度下，电阻值随温度的增加激剧减小，具有很大的负温度系数。其构成材料是钒、钡、锶、磷等元素氧化物的混合烧结体，是半玻璃状的半导体，也称 CTR 为玻璃态热敏电阻。其骤变温度随锗、钨、钼等氧化物的添加而变，这是由于不同杂质的掺入，使氧化钒的晶格间隔不同造成的。若在适当的还原气氛中使五氧化二钒变成二氧化钒，则电阻急变温度变大；若进一步还原为三氧化二钒，则急变消失。产生电阻急变的温度对应于半玻璃半导体物性急变的位置，因此产生半导体-金属相移。CTR 能够应用于控温报警等方面。

热敏电阻的理论研究和应用开发已取得了引人注目的成果。随着高、精、尖科技的应用，对热敏电阻的导电机理和应用的更深层次的探索，以及对性能优良的新材料的深入研究，热敏电阻的相关应用开发将会取得迅速发展。

2) 热敏电阻检测

对热敏电阻进行检测时，通常用万用表欧姆挡(视标称电阻值确定挡位，一般为 R×1 挡)，具体可分两步操作：首先进行常温检测(室内温度接近 25℃)，用鳄鱼夹代替表笔分别夹住 PTC 热敏电阻的两引脚测出其实际阻值，并与标称阻值相对比，二者相差在 ±2 Ω 内即为正常。实际阻值若与标称阻值相差过大，则说明其性能不良或已损坏。接下来在常温测试正常的基础上，即可进行第二步测试——加温检测，将一热源(例如电烙铁)靠近热敏电阻对其加热，观察万用表示数，此时如果看到万用表示数随温度的升高而改变，则表明电阻值在逐渐改变(负温度系数热敏电阻器 NTC 阻值会变小，正温度系数热敏电阻器 PTC 阻值会变大)，当阻值改变到一定数值时显示数据会逐渐稳定，说明热敏电阻正常；若阻值无变化，说明其性能变劣，不能继续使用。

测试时应注意以下几点：

(1) R_t 是生产厂家在环境温度为 25℃时所测得的，所以用万用表测量 R_t 时，亦应在环境温度接近 25℃时进行，以保证测试的可信度。

(2) 测量功率不得超过规定值，以免电流热效应引起测量误差。

(3) 注意正确操作。测试时，不要用手捏住热敏电阻体，以防止人体温度对测试产生影响。

(4) 注意不要使热源与 PTC 热敏电阻靠得过近或直接接触热敏电阻，以防止将其烫坏。

1.4 电阻的检测

电阻器的主要故障有过流烧毁、变值、断裂、引脚脱焊等。电位器还经常发生滑动触头与电阻片接触不良等情况。

1. 外观检查

对于电阻器，通过目测可以看出引线是否松动、折断或电阻体是否被烧坏等外观故障；对于电位器，应检查引出端子是否松动，接触是否良好，转动转轴时应感觉平滑，不应有过松或过紧等情况。

2. 阻值测量

用万用表对电阻器进行阻值测量的步骤如下：

(1) 将波段开关置于欧姆挡适当量程。

(2) 将表笔短接后调零。

(3) 测量(电阻没正负极之分，表笔随便连接电阻)。

值得注意的是，测量时不能用双手同时捏住电阻或测试笔，这样会使人体电阻与被测电阻器并联，影响测量精度。

● 标称阻值的检测：置万用表欧姆挡于适当量程，先测量电位器两个定片之间的阻值是否与标称值相符，再测动片与任一定片间的电阻。慢慢转动转轴从一个极端向另一个极端，若万用表的指示从 0(或标称值)至标称值(或 0)连续变化，且电位器内部无"沙沙"声，则说明该电位器完好。若转动中表针有跳动，说明该电位器存在接触不良故障。

● 带开关电位器的检测：旋转电位器轴柄，接通或断开开关时应能听到清脆的"喀哒"声。置万用表于 R×1 挡，两表笔分别接触开关的外接焊片，接通时电阻值应为 0，断开时应为无穷大，否则说明开关损坏。

● 外壳与引脚间的绝缘性能的检测：置万用表于 R×10k 挡，一只表笔接触电位器外壳，另一只表笔分别接触电位器的各引脚，测得的阻值都应为无穷大，否则说明该电位器存在短路故障或绝缘不好。

1.5 电阻的正确选用

1. 电阻器的选用

1) 类型选择

对于一般的电子线路，若没有特殊要求，可选用普通的碳膜电阻器，以降低成本；对于高品质的收录机和电视机等，应选用较好的碳膜电阻器、金属膜电阻器或线绕电阻器；对于测量电路或仪表、仪器电路，应选用精密电阻器；在高频电路中，应选用表面型电阻器或无感电阻器，不宜使用合成电阻器或普通的线绕电阻器；对于工作频率低、功率大，且对耐热性能要求较高的电路，可选用线绕电阻器。

　　2) 阻值及误差选择

阻值应按标称系列选取。有时需要的阻值不在标称系列，此时可以选择最接近这个阻值的标称值电阻，当然我们也可以用两个或两个以上的电阻器进行串、并联来代替所需的电阻器。误差等级应根据电阻器在电路中所起的作用来选择，除一些对精度有特别要求的电路(如仪器、仪表、测量电路等)外，一般电子线路中电阻器选用Ⅰ、Ⅱ、Ⅲ级误差即可。

　　3) 额定功率的选取

电阻器在电路中实际消耗的功率不得超过其额定功率。为了保证电阻器长期使用不会损坏，通常要求选用的电阻器的额定功率要高于实际消耗功率的两倍以上。

2. 电位器的选用

　　1) 电位器结构和尺寸的选择

选用电位器时应注意尺寸大小和旋转轴柄的长短，轴端式样和轴上是否需要紧锁装置等。经常调节的电位器，应选用轴端铣成平面的电位器，以便安装旋钮；不经常调整的，可选用轴端带刻槽的电位器；一经调好就不再变动的，可选择带紧锁装置的电位器。

　　2) 阻值变化规律的选择

用作分压器或示波器的聚焦电位器和万用表的调零电位器时，应选用直线式电位器；收音机的音量调节电位器应选用反转对数式电位器，也可以用直线式电位器代替；音调调节电位器和电视机的黑白对比度调节电位器应选用对数式电位器。

习　题　1

1. 电阻器的主要性能参数有哪些？应如何正确选用电阻器？
2. 电阻器常用的标注方法有哪几种？
3. 已知电阻器上的色环排列次序如下，试写出它们各自对应的电阻值和允许误差。
(1) 灰红黑银　棕
(2) 绿蓝黑棕　棕
(3) 棕黑金　　金
(4) 橙白黄　　金
4. 常见电位器的阻值变化规律有哪几种？在应用中应如何选用？
5. 常用电阻器有哪些？各有什么特点？

第 2 章 电 容 器

2.1 电 容 概 述

所谓电容器，就是能够存储电荷的"容器"。只不过这种"容器"存储的是一种特殊的物质——电荷，而且其所存储的正负电荷等量地分布于两块不直接导通的导体板上。至此，我们就可以描述电容器的基本结构：两块导体板(通常为金属板)中间隔以电介质，即构成电容器的基本模型。

在电路原理图中，电容用字母 C 表示，电容的基本单位是法拉"F"，常用单位有："μF、nF、pF"等，它们之间的换算关系为

$$1\ \mu F = 10^3\ nF = 10^6\ pF$$

常用的电容器符号如图 2-1 所示。

固定电容器   电解质电容器   可变电容器   半可变电容器

图 2-1 电容器符号

2.2 电 容 的 分 类

电容器的种类很多，性能各不相同，常见的有以下两种分类。

1. 按电容器结构分类

电容器按其结构的不同可分为固定电容器、半可变电容器、可变电容器三大类。

固定电容器的电容量不能改变，大多数电容器都是固定电容器，如纸介电容器、云母电容器、电解电容器等。

半可变电容器又称微调电容器，其特点是容量可以在较小范围内变化(通常在几皮法至十几或几十皮法之间)。适用于整机调整后电容量不需经常改变的场合。

可变电容器是指电容量在一定范围内可调节的电容器，常有"单联""双联"等，适用于一些需要经常调整的电路，如接收机的调谐回路等。

2. 按电容器介质材料分类

电容器按其介质材料的不同可分为电解电容器、有机介质电容器、无机介质电容器三大类。

电解电容器包括铝电解电容器、钽电解电容器、铌电解电容器、钛电解电容器等。

有机介质电容器包括纸介电容器、塑料薄膜电容器等。其中塑料薄膜电容器包括聚苯乙烯薄膜电容器、聚四氟乙烯电容器等。

无机介质电容器包括瓷介电容器、云母电容器、玻璃釉电容器等。

2.3　电容器的型号命名方式

根据国家标准 GB/T 2470—1995《电子设备用固定电阻器、固定电容器型号命名方法》的规定，电容器的产品型号一般由四部分组成。第一个字母 C 表示电容器，第二部分表示介质材料，第三部分表示结构类型的特征，第四部分为序号。

电容器的型号命名示例如下：

(1) 铝电解电容器：

(2) 圆片形瓷介电容器：

2.4　电容器的主要特性参数

1. 电容器的额定工作电压

电容器的额定工作电压是指电容器在规定的工作温度范围内，长期可靠地工作所能承受的最高直流电压，又称耐压值。其值通常为击穿电压的一半。一般电容的耐压值会标注在电容的外壳表面上。

2. 电容器的允许误差

电容器的允许误差是指实际电容量相对于标称电容量的最大允许误差范围。

3. 标称电容量

标称电容量是标志在电容器的外壳表面上的"名义"电容量，其数值也有标称系列，同电阻器阻值标称系列相似，如表 2-1 所示。

表 2-1　固定电容器标称容量系列和允许误差

系列代号	E24	E12	E6
允许误差	±5%（Ⅰ）	±10%（Ⅱ）	±20%（Ⅲ）
标称电容量对应值	10，11，12，13，15，16，18，20，22，24，27，30，33，36，39，43，47，51，56，62，68，75，82，90	10，12，15，18，22，27，33，39，47，56，68，82	10，15，22，23，47，68
注：标称电容量为表中数值再乘以 10^n，其中 n 为正整数或负整数；表中数值的单位为 pF			

4. 绝缘电阻

电容器的绝缘电阻表示电容器的漏电性能，在数值上等于加在电容器两端的电压与通过电容器的漏电流的比值。绝缘电阻越大，漏电流越小，电容器质量越好。电容器的绝缘电阻与电容器的介质材料和面积、引线的材料和长短、制造工艺、温度和湿度等因素有关。品质优良的电容器具有较高的绝缘电阻，一般在兆欧级以上。电解电容器的绝缘电阻一般较低，漏电流较大。

电容器绝缘电阻的大小和变化会影响电子设备的工作性能，对于一般的电子设备，绝缘电阻越大越好。

5. 电容器的作用

1) 旁路

旁路电容是为本地器件提供能量的储能器件，它能使稳压器的输出均匀化，降低负载需求。就像小型可充电电池一样，旁路电容能够被充电，并向器件进行放电。为尽量减少阻抗，旁路电容要尽量靠近负载器件的供电电源管脚和地管脚，这样能够很好地防止因输入值过大而导致的地电位抬高和噪声。地电位是地连接处在通过大电流毛刺时的电压降。

2) 去耦

去耦又称解耦。从电路来说，总是可以区分为驱动的源和被驱动的负载。如果负载电容比较大，驱动电路要把电容充电、放电，才能完成信号的跳变。在上升沿比较陡峭的时候，电流比较大，这样驱动的电流就会吸收很大的电源电流，由于电路中的电感、电阻(特别是芯片管脚上的电感)会产生反弹，产生相应的反向电流，这种电流相对于正常情况来说实际上就是一种噪声，会影响前级的正常工作，这就是所谓的"耦合干扰"。

去耦电容起到"电池"的作用，满足驱动电路电流的变化，避免相互间的耦合干扰，可在电路中进一步减小电源与参考地之间的高频干扰阻抗。

将旁路电容和去藕电容结合起来将更容易理解。旁路电容实际也是去耦合的，只是旁路电容一般是指高频旁路，也就是给高频的开关噪声提供一条低阻抗泄防途径。高频旁路电容一般比较小，根据谐振频率一般取 0.1 μF、0.01 μF 等；而去耦电容的容量一般较大，可能是 10 μF 或者更大，依据电路中分布参数以及驱动电流的变化大小来确定。旁路是把输入信号中的干扰作为滤除对象，而去耦是把输出信号的干扰作为滤除对象，防止干扰信号返回电源。

3) 滤波

从理论上(即假设电容为纯电容)来说，电容越大，阻抗越小，通过的频率也越高。但实际上超过 1 μF 的电容大多为电解电容，有很大的电感成分，所以频率增高后反而阻抗会增大。有时会看到有一个电容量较大的电解电容并联了一个小电容，这时大电容通低频，小电容通高频。电容的作用就是通高频阻低频(通高阻低)，电容越大低频越容易通过。具体用在滤波中，大电容(1000 μF)滤低频，小电容(20 pF)滤高频。曾有网友形象地将滤波电容比作"水塘"。由于电容的两端电压不会突变，由此可知，信号频率越高则衰减越大，可很形象地说电容像个水塘，不会因几滴水的加入或蒸发而引起水量的变化，它把电压的变动转化为电流的变化，频率越高，峰值电流就越大，从而缓冲了电压。滤波就是充电、放电的过程。

4) 储能

储能型电容器通过整流器收集电荷，并将存储的能量通过变换器引线传送至电源的输出端。电压额定值为 40～450 V DC、电容值在 220～150 000 μF 之间的铝电解电容器是较为常用的。根据不同的电源要求，器件有时会采用串联、并联或其组合的形式，对于功率级超过 10 kW 的电源，通常采用体积较大的罐形螺旋端子电容器。

2.5　电容的标注方法

电容的标注方法主要有直标法、文字符号法、数码表示法和色标法等四种。

1. 直标法

直标法是指将电容器的标称容量、允许误差、耐压等参数直接标注在电容器的外壳表面，这种方法常用于标注电解电容器的参数。

2. 文字符号法

文字符号法是指将电容量的整数部分写在容量单位符号的前面，容量的小数部分写在容量单位符号的后面。例如 0.22 μF 的文字符号表示为 μ22，2μ2 表示 2.2 μF。

3. 数码表示法

数码表示法一般用三位数字来表示容量的大小，电容量的单位为 pF。三位数字中，前两位表示标称值的有效数字，第三位则表示倍率，即乘以 10^x，x 为第三位数字，如果第三位数字为 9，则乘 10^{-1}。例如 10^6 代表 10×10^6 pF＝10^7 pF＝10 μF；399 代表 39×10^{-1} pF。这种表示方法最为常见。

4. 色标法

色标法与电阻器的色环表示法类似。标志的颜色符号与电阻器采用的符号相同，其单位为 pF。电解电容器的耐压有时也采用颜色表示。电容器色环的读取顺序是顶部为第一环，靠近引脚的则为最后一环。

2.6　几种常见的电容器

电容器是电子设备中常用的电子元件，下面对几种常用电容器的结构和特点作简要介绍。

1. 瓷介电容器(CC)

瓷介电容器以具有高介电常数、低损耗的陶瓷为介质，并在陶瓷基体两面喷涂银层，然后烧成银质薄膜作极板制成。其特点是体积小、温度系数小、损耗小、绝缘电阻高，工作在超高频范围，适合作温度补偿电容，但机械强度低、容量小(一般为几皮法到几百皮法)、稳定性较差、耐压一般也不高。这种电容器适用于高频电路，主要用于旁路电容、电源滤波等场合。常见的瓷介电容器的外形如图 2-2 所示。

2. 纸介电容器(CZ)

纸介电容器是用两片铅箔或锡箔作电极，夹在极薄的电容纸中，卷成圆柱形或者扁柱形芯子，然后密封在金属壳或者绝缘材料壳中制成的。它的特点是体积较小，容量可以做得较大(容量可达 1～20 μF)，但是其化学稳定性差、易老化、吸湿性大。工作温度一般为 85～100℃，主要用于低频电路的旁路和隔直。纸介电容器的外形如图 2-3 所示。

图 2-2 常见的瓷介电容器

图 2-3 纸介电容器

3. 云母电容器(CY)

云母电容器是用金属箔或在云母片上喷涂银层作电极板，极板和云母一层一层叠合后再压铸在胶木粉或封固在环氧树脂中制成的。其特点是高频性能稳定、介质损耗小、漏电电流小、耐压高(50～5000 V)、容量小(1～30 000 pF)、绝缘电阻大(1000～7500 MΩ)、温度系数小，适用于高频高压电路。云母电容器的外形如图 2-4 所示。

4. 有机薄膜电容器

有机薄膜电容器的结构与纸介电容器相同，是用聚苯乙烯(CB 型)、聚四氟乙烯或涤纶(CL 型)等有机薄膜代替纸介质构成的电容器。涤纶薄膜电容的介质常数较高，体积小、容量大、稳定性较好，适宜作旁路电容。聚苯乙烯薄膜电容器的介质损耗小、绝缘电阻高，但温度系数大，可用于高频电路。有机薄膜电容器的外形如图 2-5 所示。

图 2-4 云母电容器

图 2-5 有机薄膜电容器

5. 电解电容器

电解电容器有正(+)、负极(–)之分，以铝(CD 型)、钽(CA 型)、铌、钛等附着有氧化膜的金属极片为阳极(正极)，阴极(负极)则是液体、半液体或胶状的电解液。一般在电容器的外壳上都有标记，若无标记时，则长引线为"+"端，短引线为"–"端。

电解电容器的损耗比较大，性能受温度影响比较大，漏电流随温度升高会急剧增大，高频性能差。电解电容器主要有铝电解电容器、钽电解电容器和铌电解电容器。铝电解电容器价格便宜，容量比较大，但性能较差，寿命短(存储寿命小于 5 年)，一般用在要求不高的去耦、耦合和电源滤波电路中。后两者的性能要优于铝电解电容器，主要用在温度变化范围大，对频率特性要求高，对产品稳定性、可靠性要求严格的电路中，但这两种电容器的价格较高。

还有无极性电解电容器，这种电解电容器可用于交流电路。电解电容器的外形如图 2-6 所示。

6. 可变电容器

可变电容器的容量可在一定范围内连续变化，它由若干片形状相同的金属片并接成一组(或几组)定片和一组(或几组)动片。动片可以通过转轴转动，以改变动片插入定片的面积，从而改变电容量。其介质有空气、有机薄膜等。可变电容器有"单联""双联"和"三联"之分，外形如图 2-7 所示。

图 2-6　电解电容器

图 2-7　可变电容器

7. 微调电容器

微调电容器又称半可变电容器或补偿电容器。其特点是容量可在小范围内变化，可变容量通常在几皮法或几十皮法之间，最高可达 100 pF(陶瓷介质时)。微调电容器的种类很多，常见的有云母微调电容器、薄膜介质微调电容器、瓷介微调电容器、筒形微调电容器、短波专用微调电容器等。

2.7　电容器的检测

电容器的主要故障有：击穿、短路、漏电、容量减小、变质及破损等。

1. 外观检查

电容器外表应完好无损，表面无裂口、污垢和腐蚀，标志应清晰，引出电极无折伤。

可调电容器应转动灵活，动、定片间无碰、擦现象，各联之间(可调电容器是多联结构的)转动应同步等。

2. 测试绝缘电阻

用万用表欧姆挡，将表笔接触电容的两引线。刚搭上时，表头指针将发生摆动，然后再逐渐返回趋向 $R = \infty$ 处，这就是电容的充放电现象(0.1 μF 以下的电容器观察不到此现象)。

电容器的容量越大，指针的摆动越大，指针稳定后所指示的值就是绝缘电阻值。其值一般为几百到几千兆欧，阻值越大，电容器的绝缘性能越好。检测时，如果表头指针指到或靠近欧姆零点，说明电容器内部短路，若指针不动，始终指向 $R = \infty$ 处，则说明电容器内部开路或失效。5000 pF 以上的电容器可用万用表电阻最高挡判别，5000 pF 以下的小容量电容器应另采用专门测量仪器进行判别。

2.8 电容器的选用

电容器的种类繁多，性能各异，合理选用电容器对于产品设计十分重要。在具体选用电容器时，应注意如下问题。

1. 电容器类型的选择

根据电路要求选择合适的电容器类型。在一般的耦合、旁路电路中，可选用纸介电容器；在高频电路中，应选用云母和瓷介电容器；在电源滤波和去耦电路中，应选用电解电容器。在设计电子电路中选用电容器时，应根据产品手册在电容器标称值系列中选用。

2. 电容器额定电压的选择

选用电容器应符合标准系列，电容器的额定电压应高于电容器两端实际电压的 1～2 倍。尤其对于电解电容器，一般应使线路的实际电压相当于所选电容器额定电压的 50%～70%，这样才能充分发挥电解电容器的作用。

3. 电容器容量和误差等级的选择

实际使用中，电容器容量的数值必须按规定的标称值来选择。

电容器的误差等级有多种，在低频耦合、去耦、电源滤波等电路中，电容器可以选±5%、±10%、±20%等误差等级，但在振荡回路、延时电路、音调控制电路中，选用的电容器的精度要稍高一些；在各种滤波器和各种网络中，要求选用高精度的电容器。

习 题 2

1. 电容器的型号是如何命名的？有哪几种分类方式？
2. 常用的电容器有哪几种？各自有什么特点？
3. 如何正确选用电容器？
4. 如何利用万用表检测电容器的质量？
5. 电容器常用的标注方式有哪几种？

第3章　电　感　器

3.1　电　感　线　圈

电感线圈的主要作用是对交流信号进行隔离、滤波或与电容器、电阻器等组成谐振电路。电感线圈是家用电器、仪器仪表及其他电子产品中常用的元件之一。

电感线圈在电路图中用字母 L 表示。电感线圈的图形符号如表 3-1 所示。

表 3-1　电感线圈的图形符号

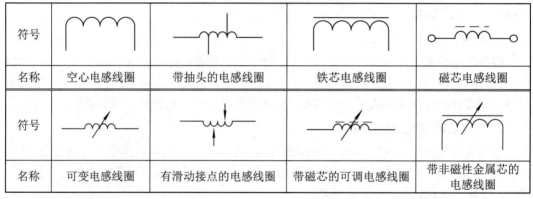

符号			
名称	空心电感线圈	带抽头的电感线圈	铁芯电感线圈	磁芯电感线圈
符号			
名称	可变电感线圈	有滑动接点的电感线圈	带磁芯的可调电感线圈	带非磁性金属芯的电感线圈

1. 电感线圈的分类

电感线圈的种类很多，分类方法各不相同。

按电感线圈的线芯分类，可分为空心电感线圈、磁芯电感线圈、铁芯电感线圈和铜芯电感线圈。

按安装的形式分类，可分为立式电感线圈、卧式电感线圈。

按工作频率分类，可分为高频电感线圈、中频电感线圈、低频电感线圈。

按用途分类，可分为电源滤波线圈、高频滤波线圈、高频阻流线圈、低频阻流线圈、行偏转线圈、场偏转线圈、行振荡线圈、行线性校正线圈、本机振荡线圈、高频振荡线圈。

按电感量是否可调分类，可分为固定电感线圈、可变电感线圈、微调电感线圈。

按绕制方式及其结构分类，可分为单层电感线圈、多层电感线圈、蜂房式电感线圈、有骨架式电感线圈和无骨架式电感线圈。

2. 电感器的型号命名方法

电感线圈的型号由四部分组成：

第一部分：主称，用 L 表示线圈，ZL 表示阻流圈；

第二部分：特征，用 G 表示高频；

第三部分：型式，用 X 表示小型；

第四部分：区别代号，用字母 A、B、C…等表示。

例如，LGX 表示小型高频电感线圈。

3. 电感线圈的主要特性参数

1) 电感量

电感量是指电感线圈通过电流时产生自感能力的大小。电感量的单位为亨利，用字母 H 表示。常用的单位是毫亨(mH)、微亨(μH)。它们的换算关系为

$$1\ \mathrm{H} = 10^3\ \mathrm{mH} = 10^6\ \mu\mathrm{H}$$

2) 品质因数

电感线圈中存储能量与消耗能量的比值称为品质因数，又称 Q 值，其定义式为

$$Q = \frac{\omega L}{R}$$

式中，ω 为工作角频率；L 为线圈电感量；R 为线圈的总损耗电阻。

3) 额定电流

电感线圈的额定电流是指电感线圈在正常工作时允许通过的最大电流。额定电流是高频阻流线圈、低频阻流线圈和大功率谐振线圈的重要参数。

4) 分布电容

分布电容是指线圈匝与匝之间形成的电容，即由空气、导线的绝缘层、骨架所形成的电容。这些电容的总和与电感线圈本身的电阻构成一个谐振电路，会产生一定频率的谐振，降低电感线圈电感量的稳定性，使 Q 值降低，通常应减小分布电容。为减小电感线圈的分布电容，一般会采用不同的绕制方法，如间绕法、蜂房式绕法等。

4. 几种常用的电感线圈

1) 小型固定电感线圈

小型固定电感线圈通常是用漆包线或丝包线在棒形、工字形或王字形的磁芯上直接绕制而成的。它有密封式和非密封式两种封装形式，又有立式和卧式两种结构，如图 3-1 所示。

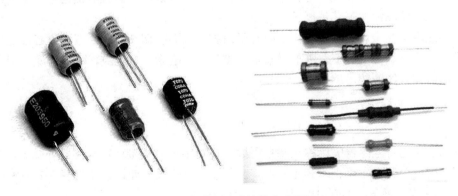

图 3-1　立式和卧式结构电感线圈

小型固定电感线圈具有体积小、重量轻、耐震动、耐冲击、防潮性能好、安装方便等优点，主要用在滤波、振荡、陷波、延迟等电路中。

2) 单层电感线圈

单层电感线圈是电路中用得较多的一种。其电感量较小，一般只有几微亨或几十微亨。这种线圈的品质因数一般都比较高，并多用于高频电路中。

单层电感线圈通常采用密绕法、间绕法、脱胎绕法。密绕法就是将绝缘导线一圈挨一圈地绕在骨架上，如图 3-2(a)所示，此种线圈多数用于天线线圈，如收音机的天线线圈用的就是这种单层线圈。间绕法的单层电感线圈，就是每圈与每圈之间有一定的距离，如图 3-2(b)所示，其特点是分布电容小，高频特性好，多用于短波天线。脱胎绕法的单层电感线圈实际上就是空心电感线圈，先将绝缘导线绕在骨架上，然后取出骨架，并按照电感量的要求，适当将线圈拉开一定的距离或改变其形状，使用时将两引线头直接焊入电路即可，如图 3-2(c)所示，此种线圈多用于高频头的谐振电路。

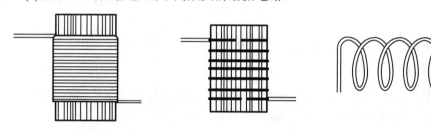

(a) 密绕法的单层电感线圈　　　(b) 间绕法的单层电感线圈　　　(c) 脱胎绕法的单层电感线圈

图 3-2　单层电感线圈

3) 阻流电感线圈

阻流电感线圈在电路中的作用是阻止交流电流通过，可分为高频阻流圈和低频阻流圈。高频阻流圈用于阻止高频信号通过，其特点是电感量小，要求损耗和分布电容小；低频阻流圈用于阻止低频信号通过，其特点是电感量比高频阻流圈大得多，多数为几十亨。低频阻流圈多用于电源滤波电路、音频电路中。

4) 振荡线圈

振荡线圈是超外差式收音机中不可缺少的元件。在超外差式收音机中，由振荡线圈与电容组成的振荡电路来完成产生一个比外来信号高 465 kHz 的高频等幅信号。振荡线圈分为中波振荡线圈和短波振荡线圈。

振荡线圈装在金属屏蔽罩内，下面有引出脚，上面有调节孔。磁帽和磁芯都是由铁氧体制成的。线圈绕在磁芯上，再把磁帽罩在磁芯上，磁帽上有螺纹，可在尼龙支架上上下旋动，从而调节线圈的电感量。

5. 电感器的标识方法

1) 直标法

直标法是指将电感器的标称电感量用数字和文字符号直接标在电感器外壁上，电感量单位后面用一个英文字母表示其允许误差。各字母所代表的允许误差见表 3-2。例如：560 μHK 表示标称电感量为 560 μH，允许误差为 ±10%。

表 3-2 电感器允许误差

英文字母	允许偏差/%	英文字母	允许偏差/%	英文字母	允许偏差/%
Y	±0.001	W	±0.05	G	±2
X	±0.002	B	±0.1	J	±5
E	±0.005	C	±0.25	K	±10
L	±0.01	D	±0.5	M	±20
P	±0.02	F	±1	N	±30

2) 文字符号法

文字符号法是指将电感器的标称值和允许误差值用数字和文字符号按一定的规律组合并标示在电感体上。采用这种标示方法的电感器通常是一些小功率电感器，其单位为 nH 或 μH，用 N 或 R 代表小数点。例如：4N7 表示电感量为 4.7 nH，47N 表示电感量为 47 nH，6R8 表示电感量为 6.8 μH。采用这种标示法的电感器通常后缀一个英文字母表示允许误差，各字母代表的允许误差与直标法相同，见表 3-2。

3) 色标法

色标法是指在电感器表面涂上不同的色环来代表电感量(与电阻器类似)，通常用四色环表示。紧靠电感体一端的色环为第一环，露着电感体本色较多的另一端为末环。其第一色环代表第一位有效数字，第二色环代表第二位有效数字，第三色环代表倍率(单位为 μH)，第四色环为误差率。例如：某电感器的色环颜色分别为棕、黑、棕、金，其电感量为 100 μH，误差为±5%。

4) 数码表示法

数码表示法是用三位数字来表示电感器电感量的标称值的方法，该方法常见于贴片电感器上。在三位数字中，从左至右的第一、第二位为有效数字，第三位数字表示有效数字后面所加 "0" 的个数(单位为 μH)。如果电感量中有小数点，则用 R 表示。电感量单位后面用一个英文字母表示其允许误差，各字母代表的允许误差见表 3-2。例如：标识为 102J 的电感量为 $10 \times 100 = 1000$ μH，允许误差±5%；标识为 183 K 的电感量为 18 mH，允许误差为±10%。需要注意的是，要将这种标识法与传统的方法区别开，如标识为 "470" 或 "47" 的电感量为 47 μH，而不是 470 μH。

6. 电感线圈的检测

1) 外观检查

检查电感线圈外观是否有破裂现象，线圈是否有松动、变位的现象，引脚是否有折断或生锈现象，查看电感线圈的外表上是否有电感量的标称值，还可进一步检查磁芯旋转是否灵活，有无滑扣等。

2) 用万用表检测

将万用表置于 R×1 挡，用两表笔分别碰接电感线圈的引脚。当被测电感线圈的电阻值比正常值小很多时，说明电感线圈内部有局部短路，不能使用；当被测电感线圈阻值无穷大时，说明电感线圈或引脚与线圈接点处发生了断路，此电感线圈也不能使用。

此外，对于具有屏蔽罩的电感线圈，还要检测一、二次绕组与屏蔽罩之间的电阻值。将万用表置于 R × 10 k 挡，用一支表笔接触屏蔽罩，另一支表笔分别接触一、二次绕组的引脚，若测得的阻值为无穷大，则说明正常；如果阻值为 0，则说明有短路现象；若阻值小于无穷大但大于 0，则说明有漏电现象。

7. 电感线圈的正确选用

(1) 电感线圈的工作频率要适合电路的要求。用于音频段的一般要用带铁芯(硅钢片或坡莫合金)或铁氧体芯的,在几百千赫到几兆赫间的线圈最好用铁氧体芯并以多股绝缘线绕制。几兆赫到几十兆赫的线圈宜选用单股镀银粗铜线绕制，磁芯要采用短波高频铁氧体芯，也常用空心线圈。在一百兆赫以上时一般不能选用铁氧体芯，只能用空心线圈。如要作微调，可用铜芯。

(2) 电感线圈的电感量、额定电流必须满足电路的要求。

(3) 电感线圈的外形尺寸要符合电路板位置的要求。

(4) 选用高频阻流圈时除需注意额定电流、电感量外，还应选分布电容小的蜂房式或多层分段绕组的电感线圈。对于电源电路中的低频阻流圈，应尽量选用大电感量的，一般选大于回路电感量 10 倍以上的为最好。

3.2 变 压 器

变压器是利用电磁互感应作用，将两组或两组以上的绕组绕在同一个线圈骨架上，或绕在同一铁芯上制成的。通过改变变压器一、二次绕组之间的匝数比，可改变两个绕组的电压比和电流比，实现交流电信号或电能传输与分配。变压器在电路中主要起变换交流电压、信号耦合、变换交流阻抗、隔离、传输电能等作用。

变压器在电路中用字母 T 表示，其图形符号如表 3-3 所示。

表 3-3 变压器的图形符号

符号			
名称	变压器的一般符号	带抽头变压器	多绕组变压器
符号			
名称	绕组间有屏蔽的变压器	磁芯可调变压器	自耦变压器

1. 变压器的分类

变压器是一种常用元器件，其种类繁多，大小形状千差万别。

按变压器的工作频率可将其分为高频变压器、中频变压器、低频变压器。

按变压器的结构与材料可将其分为铁芯变压器、固定磁芯变压器、可调磁芯变压器等。

2. 变压器的型号命名方法

1) 低频变压器的型号命名方法

低频变压器的型号由三部分组成：

第一部分：主称，用字母表示，如表 3-4 所示；

第二部分：功率，用数字表示，单位为 W；

第三部分：序号，用数字表示。

表 3-4 低频变压器型号主称字母含义

字母	含 义
DB	电源变压器
CB	音频输出变压器
RB	音频输入变压器
GB	高压变压器
HB	灯丝变压器
SB 或 ZB	音频(定阻式)输送变压器
SB 或 EB	音频(定压式或自耦式)输送变压器

2) 中周的型号命名方法

中周，即中频变压器，它的型号由三部分组成：

第一部分：主称，用几个字母组合表示名称、特征、用途；

第二部分：外形尺寸，用数字表示；

第三部分：序号，用数字表示，"1"表示第一中放电路用中频变压器，"2"表示第二中放电路用中频变压器，"3"表示第三中放电路用中频变压器。

型号中的主称所用字母、外形尺寸所用数字的意义如表 3-5 所示。

表 3-5 中周的型号命名

主 称		尺 寸	
字母	名称、用途、特征	数字	外形尺寸/mm
T	中频变压器	1	7×7×12
L	线圈或振荡线圈	2	10×10×14
T	磁芯式	3	12×12×16
F	调幅收音机用	4	20×25×36
S	段波段		

3. 变压器的主要特性参数

1) 变比 n

变比是指变压器一、二次绕组的电压比，此值近似等于一、二次绕组的匝数比。设变压器一次绕组的输入交流电压为 U_1，二次绕组的输出交流电压为 U_2，变压器的一、二次绕组的匝数分别为 N_1 和 N_2，则有如下关系：

$$\frac{U_1}{U_2} = \frac{N_1}{N_2} = n \tag{3.1}$$

如果 $N_1 > N_2$，则 $U_1 > U_2$，即 $n > 1$，这种变压器称为降压变压器。如果 $N_1 < N_2$，则有 $U_1 < U_2$，即 $n < 1$，这种变压器称为升压变压器。

如果变压器的二次侧接有负载，则一、二次绕组中就会有电流，假设分别为 i_1 和 i_2，则有如下关系：

$$\frac{i_1}{i_2} = \frac{N_2}{N_1} = \frac{1}{n} \tag{3.2}$$

如果变压器的一次绕组侧的阻抗为 Z_1，二次绕组侧的阻抗为 Z_2，则根据欧姆定律，有如下关系：

$$\frac{Z_1}{Z_2} = \left(\frac{N_1}{N_2}\right)^2 = n^2 \tag{3.3}$$

2) 额定功率 P

额定功率是指在规定的工作频率和电压下，变压器能长期工作而不超过规定温升时的输出功率，单位为 W 或 VA。

3) 效率 η

效率是指变压器在有额定负载的情况下，其输出功率和输入功率的比值。设变压器的输入功率为 P_1，输出功率为 P_2，则变压器的效率为

$$\eta = \frac{P_2}{P_1} \times 100\%$$

4) 温升

变压器的温升是指变压器工作发热后，温度上升到稳定值时，变压器温度比周围的环境温度所高出的数值。这一参数大小关系到变压器的发热程度，决定了变压器绝缘系统的寿命。一般要求其值越小越好。

5) 绝缘电阻

绝缘电阻是表征变压器各绕组之间和各绕组与铁芯之间绝缘性能的一个参数，包括绕组与绕组间、绕组与铁芯间、绕组与外壳间的绝缘电阻值。

4. 几种常用变压器

1) 电源变压器

电源变压器的主要作用是变换交流电源电压，有升压变压器和降压变压器。电源变压器的外形如图 3-3 所示。

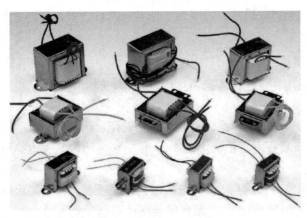

图 3-3　电源变压器

2）音频变压器

音频变压器是工作于音频范围的变压器。推挽功率放大器中的输入变压器和输出变压器都属于音频变压器。有线广播中的线路变压器也是音频变压器。

3）中周

中周应用在收音机或电视机的中频放大电路中。中周属于可调磁芯变压器，外形与收音机的振荡线圈相似，它由屏蔽外壳、磁帽、尼龙支架、"工"字磁芯、底座等组成。

4）天线线圈

收音机的天线线圈也称磁性天线，它是由两个相邻的而又相互独立的一次、二次绕组套在同一磁棒上构成的。

5. 变压器的检测

1）外观检查

外观检查包括能够看得见摸得到的项目，如线圈引线是否断线、脱焊，绝缘材料是否烧焦，机械是否损伤和表面是否破损等。

2）直流电阻检测

用万用表的 R×1k 挡测变压器的一、二次绕组的直流电阻值，可判断绕组有无断路或短路现象。

3）绝缘电阻检测

用万用表的 R×1k 或 R×10k 挡测量绕组与绕组间、绕组与铁芯间、绕组与外壳间的绝缘电阻，此值应为无穷大，否则说明该变压器的绝缘性能太差，不能使用。

4）输出电压检测

将电源变压器一次绕组与交流 50 Hz、220 V 正弦交流电源相连，用万用表测变压器的输出电压是否与标称值相符。若测得输出电压低于或高于标称值许多，则应检查二次绕组有无匝间短路或与一次绕组之间有无局部短路。

5）温升检测

让变压器在额定输出电流下工作一段时间，然后切断电源，用手摸变压器的外壳，即可判断温升情况。如果感觉温热，表明变压器温升符合要求；若感觉非常烫手，则表明变压器温升指标不合要求。

6. 变压器的正确选用

应根据不同的应用场合选择不同用途的变压器，选用时应注意变压器的性能参数和结构形式。

在选用电源变压器时，要注意与负载电路相匹配：选用的电源变压器应留有功率余量(其输出功率应略大于负载电路的最大功率)，输出电压应与负载电路供电部分的交流输入电压相匹配。

对于一般电源电路，可选用"E"形铁芯电源变压器。若是高保真音频功率放大器的电源电路，则应选用"C"形铁芯电源变压器或环形电源变压器。

习　题　3

1. 常用的电感线圈有哪些？使用时应注意些什么？
2. 变压器的主要特征参数有哪些？应如何正确选用变压器？
3. 试描述变压器的一般检测方法。
4. 变压器是如何实现变压、变流和变阻抗的？

第4章　半导体元件

　　半导体是一种导电能力介于导体和绝缘体之间，或者说电阻率介于导体与绝缘体之间的物质，如锗、硅、硒及大多数金属的氧化物，都是半导体材料。半导体所具有的独特性能是它的电阻率会因温度、掺杂和光照产生显著变化。利用半导体材料的这一特征，可制成二极管、三极管等多种半导体器件，由于这些半导体器件都是晶体结构，故又称之为晶体管。

4.1　晶体二极管

1. 晶体二极管概述

　　晶体二极管(简称二极管)是晶体管的主要种类之一，应用十分广泛，它是采用半导体晶体材料(如硅、锗、砷化镓等)制成的。

　　晶体二极管是由一个 PN 结加上相应的电极引线和密封壳做成的半导体器件。二极管有正、负两个引脚。正端称为阳极 A，负端称为阴极 K，故有二极管之称。二极管具有单向导电的特性，电流只能从阳极流向阴极，而不能从阴极流向阳极。当电流由阳极流向阴极时，二极管呈现短路状态，没有电阻，对电流的流通毫无阻碍。反之，当电流企图从阴极流向阳极时，二极管呈断路状态，具有无限大的电阻，使电流无法流通。

2. 晶体二极管的种类

　　晶体二极管按结构材料通常可分为锗二极管、硅二极管和砷化镓二极管等；按制作工艺可分为点接触型二极管和面接触型二极管；按功能用途可分为开关二极管、整流二极管、检波二极管、稳压二极管、变容二极管、双色二极管、发光二极管、光敏二极管、压敏二极管和磁敏二极管等；按结构类型可分为半导体结型二极管、金属半导体接触二极管等；按照封装形式可分为常规封装二极管、特殊封装二极管。下面以功能用途为例，介绍几种常用的二极管特性。

　　1) 开关二极管

　　由于晶体二极管具有单向导电的特性，在导通的状态下其电阻值很小，约为几十至几百欧姆；在反向截止状态下，其电阻值很大，硅管在 10 MΩ 以上，锗管也有几十千欧。利用二极管这一特性，在电路中对电流进行控制，可起到"接通"或"关断"的开关作用。开关二极管就是为在电路中进行开关而设计制造的一类特殊二极管。它的特点是反向恢复时间短，能满足高频和超高频应用的需要。

在应用中，要根据电路的主要参数(如正向电流、最高反向电压、反向恢复时间等)来选择开关二极管的型号。常用的开关二极管是 1N4148，其外形如图 4-1 所示。

图 4-1 开关二极管 1N4148

2) 整流二极管

整流二极管是将交流电源整流成脉冲直流电的二极管。它是利用二极管的单向导电性工作的。因为整流二极管正向工作电流较大，工艺上多采用面接触结构。由于这种二极管结电容较大，因此整流二极管工作频率一般小于 3 kHz。

整流二极管主要有全密封金属结构封装和塑料封装两种封装形式。在通常情况下，额定正向工作电流 I_F 在 1A 以上的整流二极管采用金属壳封装，以利于散热；额定正向工作电流 I_F 在 1A 以下的采用塑料封装。另外，由于工艺技术的不断提高，也有不少较大功率的整流二极管采用塑料封装，在使用中应予以区别。

常用的整流二极管外形如图 4-2 所示，一般常用的整流二极管型号是 1N4007。

图 4-2 整流二极管

由于对交流电流常用桥式整流电路进行整流(如图 4-3 所示)，故一些公司将 4 个整流二极管封装在一起，这种组成通常被称为整流桥或者整流全桥。

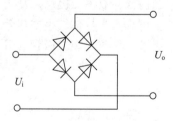

图 4-3 桥式整流电路

3) 检波二极管

检波二极管是用于把叠加在高频载波信号中的低频信号检出来的器件，具有较高的检波效率和良好的频率特性。检波二极管要求正向压降小、检波效率高、结电容小、频率特性好，其外形一般采用玻璃封装。一般检波二极管采用锗材料点接触结构。

常用的检波二极管信号有 2AP9、1N60、1N34 等。常用的检波二极管外形如图 4-4 所示。

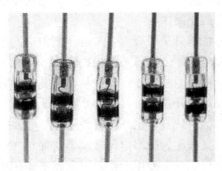

图 4-4　检波二极管

4) 稳压二极管

稳压二极管是一种齐纳二极管，它利用了二极管反向击穿时，其两端电压固定在某一数值，而基本上不随流过二极管的电流大小变化的特性。稳压二极管的伏安特性曲线如图 4-5 所示。

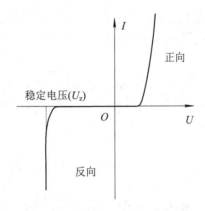

图 4-5　稳压二极管的伏安特性曲线

稳压二极管的正向特性与普通二极管相似，反向电压小于击穿电压时，反向电流小；反向电压临近击穿电压时，反向电流急剧增大，发生电击穿。这时电流在很大范围内改变，而管子两端电压基本保持不变，可以起到稳定电压的作用。必须注意的是，稳压二极管在电路中应用时一定要串联限流电阻，不能让二极管击穿后电流无限增大，否则将立即被烧坏。稳压二极管的最大工作电流是受稳压管最大耗散功率所限制的，最大耗散功率指电流增长到最大工作电流时，管中散发的热量使管子损坏的功率，所以最大工作电流就是稳压管工作时允许通过的最大电流。

5) 变容二极管

变容二极管是利用反向偏压来改变 PN 结电容量的特殊二极管。变容二极管相当于一个可变电容量的电容器。其两个电极之间的 PN 结电容大小随加到电容两端的反向电压大小的改变而变化。变容二极管常用于电视接收电路、调频接收器及其他的通信设备中，作为一个可通过电压控制的自动微调电容器。

6) 特殊的二极管

还有一些特殊的二极管,这些二极管在我们的一般电路中很少见到,但是运用也非常广泛,经常应用在一些特定的电路中。

肖特基二极管:也叫肖特基势垒二极管,是近年来生产的低功耗、大电流、超高速的半导体,通常用在高频、大电流、低电压整流电路中。

快速恢复二极管:是一种新型的半导体二极管,它是一种开关特性好、反向恢复时间短的半导体二极管,主要应用于开关电源、PWM 脉宽调制器、变频器等电子电路中,作为高频整流二极管、续流二极管或者阻尼二极管使用。

瞬态电压抑制二极管:又被称为瞬态电压抑制器,简称 TVS 管。它的响应速度极快、钳位电压稳定、体积小、价格低,主要用于快速过压保护电路中。

恒流二极管:又被称为限流二极管,由于它的恒流性能好,被广泛应用于恒流源、稳压源、放大器及电子仪器保护电路中。

双向触发二极管:也称二端交流器件(DIAC),常应用在过压保护电路、移相电路、晶闸管触发电路及定时电路中。

7) 发光二极管

发光二极管的英文简称为 LED。顾名思义,发光二极管就是一种会发光的半导体组件,且具有二极管的特性。详细见第 6 章光电器件介绍。

3. 晶体二极管的识别

普通的二极管在电路中常用字母"VD"加数字表示,如 VD_2 表示编号为 2 的二极管,稳压二极管在电路中用字母"ZD"表示。常用二极管在电路图中的符号如图 4-6 所示。

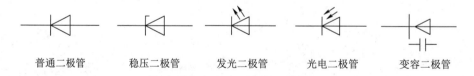

普通二极管　　稳压二极管　　发光二极管　　光电二极管　　变容二极管

图 4-6　常用二极管电路符号

小功率的二极管负极通常在表面用一个色环标出;金属封装的二极管的螺母部分通常为负极引线;发光二极管则通常用引脚长短来识别正负极,长脚为正,短脚为负;另外,若仔细观察发光二极管,可以发现内部的两个电极一大一小,一般来说,电极较小、个头较矮的是发光二极管的正极,电极较大的是负极。

整流桥的表面通常标注内部电路结构或者交流输入端及直流输出端的名称,交流输入端通常用"AC"或者"~"表示;直流输出端通常以"+""−"符号表示。

贴片二极管由于外形多种多样,其极性也有多种标注方法:在有引线的贴片二极管中,管体有白色色环的一端为负极;在有引线而无色环的贴片二极管中,引线较长的一端为正极;在无引线的贴片二极管中,表面有色带或者有缺口的一端为负极;在贴片发光二极管中,有缺口的一端为负极。

4. 晶体二极管的检测

晶体二极管可用万用表进行管脚识别和检测。将万用表置于 R×1k 挡，两表笔分别接到二极管的两端，如果测得的电阻值较小，则为二极管的正向电阻，这时与黑表笔(即表内电池正极)相连接的是二极管正极，与红表笔(即表内电池负极)相连接的是二极管负极，如图 4-7 所示。

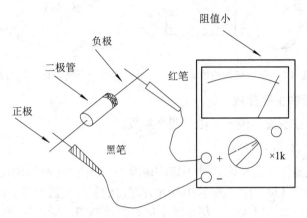

图 4-7　二极管正向电阻

如果测得的电阻值很大，则为二极管的反向电阻，这时与黑表笔相接的是二极管负极，与红表笔相接的是二极管正极，如图 4-8 所示。二极管的正、反向电阻应相差很大，且反向电阻接近于无穷大。如果某二极管正、反向电阻均为无穷大，说明该二极管内部断路损坏；如果正、反向电阻均为 0，说明该二极管已被击穿短路；如果正、反向电阻相差不大，说明该二极管质量太差，不宜使用。

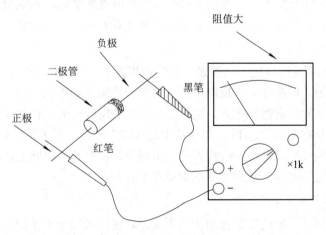

图 4-8　二极管反向电阻

不同材料、不同用途的二极管的工作特性有很大的区别，用万用表测出的结果也有不同，我们也可以用这种不同的结果判断二极管是哪种类型的。锗二极管和硅二极管的正向管压降不同，因此可以用测量二极管正向电阻的方法来区分。如果正向电阻小于 1 kΩ，则为锗二极管，如图 4-9 所示。如果正向电阻为 1～5 kΩ，则为硅二极管，如图 4-10 所示。

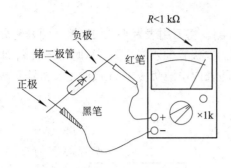
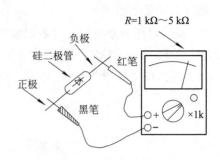

图 4-9　锗二极管的检测　　　　　　　　图 4-10　硅二极管的检测

5. 晶体二极管的主要参数

一般常用的检波整流二极管有以下四个参数。

1) 最大整流电流 I_{DM}

最大整流电流是指半波整流连续工作的情况下，为使 PN 结的温度不超过额定值(锗管约为 80℃，硅管约为 150℃)，二极管中能允许通过的最大直流电流。因为电流流过二极管时二极管就会发热，电流过大，二极管就会因过热而烧毁，所以应用二极管时要特别注意其最大电流应不超过 I_{DM} 值。

2) 最大反向电压 U_{RM}

最大反向电压是指不致引起二极管击穿的反向电压。二极管工作电压的峰值不能超过 U_{RM}，否则会造成反向电流增长，整流特性变坏，甚至会烧毁二极管。二极管的反向工作电压一般为击穿电压的 1/2，而有些小容量二极管，其最高反向工作电压则定为反向击穿电压的 2/3。晶体管的损坏，一般来说对电压比电流更为敏锐，也就是说，过电压更容易引起管子的损坏，故应用中一定要保证工作电压不超过最大反向工作电压。

3) 最大反向电流 I_{RM}

在给定(规定)的反向偏压下，通过二极管的直流电流称为反向电流 I_S。理想情况下二极管是单向导电的，但实际上在反向电压下总有一点微弱的电流。这一电流在反向击穿之前大致不变，故又称反向饱和电流。实际的二极管的反向电流往往随反向电压的增大而缓慢增大。在最大反向电压 U_{RM} 时，二极管中的反向电流就是最大反向电流 I_{RM}。通常在室温下的 I_S，硅管为 1A 或更小，锗管为几十微安至几百微安。反向电流的大小，反映了二极管单向导电性能的好坏，反向电流的数值越小越好。

4) 最高工作频率 F_M

二极管按照材料、制造工艺和结构的不同，其使用频率也不相同，有的可以工作在高频电路中，如 2AP 系列、2AK 系列等；有的只能在低频电路中使用，如 2CP 系列、2CZ 系列等。二极管保持原来良好工作特性的最高频率，称为最高工作频率。

6. 二极管的工作特性

1) 二极管的导电性

二极管最重要的特性就是单向导电性。在电路中，电流只能从二极管的正极流入，负极流出。

2) 二极管的伏安特性

二极管具有单向导电性。其伏安特性曲线如图 4-11 所示。二极管的导电性能由加在二极管两端的电压和流过二极管的电流来决定，这两者之间的关系称为二极管的伏安特性。

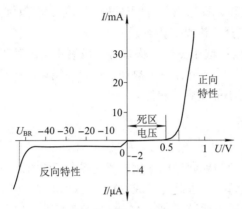

图 4-11　二极管的伏安特性曲线(硅管)

(1) 正向特性(二极管正极电压大于负极电压)。

● 死区：当正向电压较小时，正向电流极小，二极管呈现很大的电阻，通常把这个范围称为死区。通常硅管死区电压约为 0.5 V，锗管约为 0.2 V。

● 正向导通：当外加电压大于死区电压后，电流随电压增大而急剧增大，二极管导通。通常硅管的导通电压约为 0.6～0.8 V，锗管约为 0.2～0.3 V。导通电压也称为压降。

(2) 反向特性(二极管负极电压大于正极电压)。

● 反向饱和电流：当加反向电压时，二极管反向电流很小，而且在很大范围内不随反向电压的变化而变化，故称为反向饱和电流。

● 反向击穿：若反向电压不断增大到一定数值时，反向电流就会突然增大，这种现象称为反向击穿。普通二极管不允许出现此种状态。

7. 晶体二极管的选用

(1) 检波二极管的选用：一般可选用点接触型锗二极管，例如 2AP 系列等。选用时，应根据电路的具体要求来选择工作频率高、反向电流小、正向电流足够大的检波二极管。

(2) 开关二极管的选用：开关二极管主要应用于收录机、电视机、影碟机等家用电器及电子设备中的开关电路、检波电路、高频脉冲整流电路等。中速开关电路和检波电路，可以选用 2AK 系列普通开关二极管。高速开关电路可以选用 RLS 系列、1SS 系列、1N 系列、2CK 系列的高速开关二极管。要根据应用电路的主要参数(例如正向电流、最高反向电压、反向恢复时间等)来选择开关二极管的具体型号。

(3) 稳压二极管的选用：稳压二极管一般用在稳压电源中作为基准电压源或用在过电压保护电路中作为保护二极管。选用的稳压二极管，应满足应用电路中主要参数的要求。稳压二极管的稳定电压值应与应用电路的基准电压值相同，稳压二极管的最大稳定电流应高于应用电路最大负载电流的 50% 左右。

(4) 整流二极管的选用：整流二极管一般为平面型硅二极管，选用整流二极管时，主要应考虑其最大整流电流、最大反向工作电流、截止频率及反向恢复时间等参数。普通串联稳压电源电路中使用的整流二极管，对截止频率的反向恢复时间要求不高，只要根据电路的要求选择最大整流电流和最大反向工作电流符合要求的整流二极管即可。例如，1N系列、2CZ系列、RLR系列等。开关稳压电源的整流电路及脉冲整流电路中使用的整流二极管，应选用工作频率较高、反向恢复时间较短的整流二极管(例如 RU 系列、EU 系列、V 系列、1SR 系列等)或选择快恢复二极管。

(5) 变容二极管的选用：选用变容二极管时，应着重考虑其工作频率、最高反向工作电压、最大正向电流和零偏压结电容等参数是否符合应用电路的要求，应选用结电容变化大、高 Q 值、反向漏电流小的变容二极管。

8. 晶体二极管的应用

1) 整流电路

整流电路是利用二极管的单向导电作用，将交流电变成直流电的电路。图 4-12 所示是一个半波整流电路，市电通过变压器转换成 6 V 的交流电 U_2，通过一个二极管 VD，二极管只导通正电压，而负电压不通过，那么 U_M 的波形就只有正电压部分。

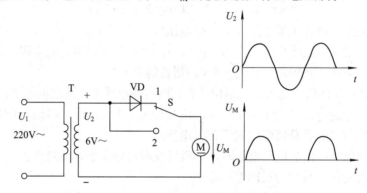

图 4-12　半波整流电路

2) 钳位电路

钳位电路是使输出电位钳制在某一数值上保持不变的电路，如图 4-13 所示。设二极管为理想元件，当输入 $U_A = U_B = 3$ V 时，二极管 VD_1、VD_2 正偏导通，输出被钳制在 U_A 和 U_B 上，即 $U_F = 3$ V；当 $U_A = 0$ V，$U_B = 3$ V 时，则 VD_1 导通，输出被钳制在 $U_F = U_A = 0$V，VD_2 反偏截止。

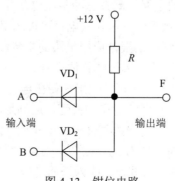

图 4-13　钳位电路

3) 检波电路

检波电路是把信号从已调波中检出来的电路，如图 4-14 所示。

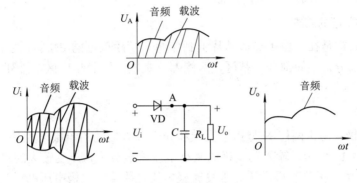

图 4-14 检波电路

4) 限幅度电路

限幅度电路是限制输出信号幅度的电路，如图 4-15 所示。

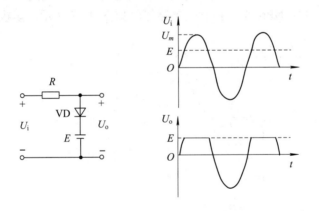

图 4-15 限幅度电路

4.2 晶 体 三 极 管

1. 晶体三极管概述

晶体三极管的全称是双极性结型晶体管，俗称三极管，是一种具有三个终端的电子器件。双极性晶体管是电子学历史上具有革命意义的一项发明，其发明者威廉·肖克利、约翰·巴丁和沃尔特·布莱顿被授予了 1956 年的诺贝尔物理学奖。

这种晶体管的工作同时涉及电子和空穴两种载流子的流动，是双极性的，所以也称它为双极性载流子晶体管。这种工作方式与诸如场效应管的单极性晶体管不同，后者的工作方式仅涉及单一种类载流子的漂移作用。两种不同掺杂物聚集区域之间的边界由 PN 结形成。双极性晶体管由三部分掺杂程度不同的半导体制成，晶体管中的电荷流动主要是由于载流子在 PN 结处的扩散作用和漂移运动。

双极性晶体管能够放大信号，并且具有较好的功率控制、高速工作以及耐久能力，所以它常被用来构成放大器电路，或驱动扬声器、电动机等设备，并被广泛地应用于航空航天工程、医疗器械和机器人等应用产品中。

2. 晶体三极管的结构

三极管的结构是在一块半导体基片上制作两个相距很近的 PN 结，两个 PN 结把整块半导体分成三部分，中间部分是基区，两侧部分是发射区和集电区，排列方式有 PNP 和 NPN 两种。

1) NPN 型

NPN 型三极管是由两层 N 型掺杂区域和介于二者之间的一层 P 型掺杂半导体(基极)组成的，如图 4-16 所示。输入到基极的微小电流将被放大，产生较大的集电极—发射极电流。当 NPN 型三极管基极电压高于发射极电压，并且集电极电压高于基极电压时，则晶体管处于正向放大状态。在这一状态下，晶体管集电极和发射极之间存在电流。被放大的电流，是发射极注入基极区域的电子(在基极区域为少数载流子)，在电场的推动下漂移到集电极的结果。由于电子迁移率比空穴迁移率更高，因此现在使用的大多数双极性晶体管为 NPN 型。NPN 型三极管的电路符号如图 4-17 所示，基极和发射极之间的箭头指向发射极。

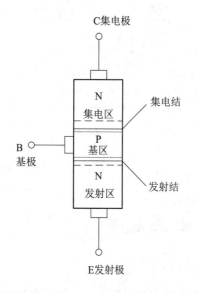

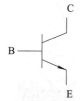

图 4-16　NPN 型三极管内部结构图　　　　图 4-17　NPN 型三极管电路符号

2) PNP 型

PNP 型三极管是由两层 P 型掺杂区域和介于二者之间的一层 N 型掺杂半导体组成的，如图 4-18 所示。流经基极的微小电流可以在发射极端得到放大。也就是说，当 PNP 型三极管的基极电压低于发射极时，集电极电压低于基极，晶体管处于正向放大区。在双极性晶体管电学符号中，基极和发射极之间的箭头指向电流的方向，这里的电流为电子流动的反方向。与 NPN 型三极管相反，PNP 型三极管的箭头从发射极指向基极，其电路符号如图 4-19 所示。

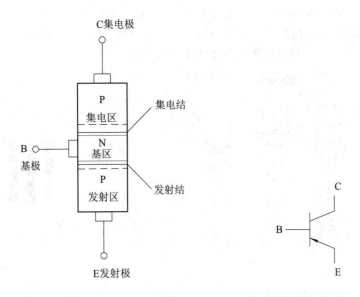

图 4-18 PNP 型三极管内部结构图   图 4-19 PNP 型三极管电路符号

3. 晶体三极管的识别

三极管的封装形式是指三极管的外形参数，也就是安装半导体三极管用的外壳。在材料方面，三极管的封装形式主要有金属、陶瓷、塑料形式；结构方面，三极管的封装为 **TO-XXX，XXX** 表示三极管的外形；装配方式有通孔插装(通孔式)、表面安装(贴片式)和直接安装。常用三极管的封装形式有 **TO-92、TO-126、TO-3、TO-220TO** 等，三极管的外形如图 4-20 所示。

图 4-20 三极管的外形

三极管引脚的排列方式具有一定的规律。对于国产小功率金属封装三极管，从底视图位置放置来看，在使三个引脚构成等腰三角形的顶点上，从左向右依次为 E、B、C；有管键的管子，从管键处按顺时针方向依次为 E、B、C，其管脚识别图如图 4-21(a)所示。对于国产中小功率塑封三极管，使其平面朝向外，半圆形朝内，三个引脚朝上放置，则从左到右依次为 E、B、C，其管脚识别图如图 4-21(b)所示。

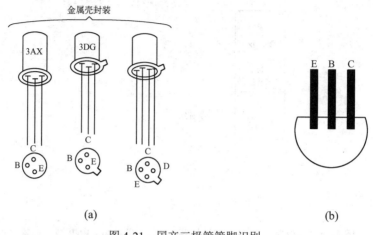

金属壳封装

(a)　　　　　　　　　　　　　　　　　　　(b)

图 4-21　国产三极管管脚识别

现今比较流行的三极管 9011～9018 系列为高频小功率管，除 9012 和 9015 为 PNP 型管外，其余均为 NPN 型管。常用 9011～9018、1815 系列等三极管管脚排列如图 4-22 所示，平面对着自己，引脚朝下，从左至右依次是 E、B、C。

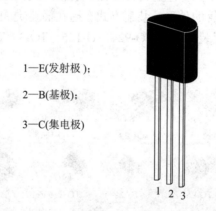

1—E(发射极)；

2—B(基极)；

3—C(集电极)

图 4-22　90 系列以及 18 系列三极管的管脚排列

4. 晶体三极管的主要参数

1) 电流放大系数 β 和 hFE

β 是三极管的交流放大系数，表示三极管对交流(变化)信号的电流放大能力。β 等于集电极电流 I_C 的变化量 ΔI_C 与基极电流 I_B 的变化量 ΔI_B 两者之比，即 $\beta = \Delta I_C / \Delta I_B$。hFE 是三极管的直流电流放大系数，是指在静态情况下，三极管 I_C 与 I_B 的比值，即 hFE $= I_C / I_B$。

β 值的常用标识方式有两种：色标法和英文字母法。

色标法采用较早，它是用各种不同颜色的色点表示 β 值的大小。通常色点涂在管子的顶面。

英文字母法即在管子型号后面，用一个英文字母来代表 β 值的大小。该字母随同型号一起打印，省去了色标点漆的工艺，适应现代大规模生产。

2) 集电极最大电流 I_{CM}

三极管集电极允许通过的最大电流即为 I_{CM}。需指出的是，当管子 I_C 大于 I_{CM} 时不一定会被烧坏，但 β 等参数将发生明显变化，会影响管子正常工作，故 I_C 一般不能超过 I_{CM}。

3) 集电极最大允许功耗 P_{CM}

P_{CM} 是指三极管参数变化不超出规定允许值时的最大集电极耗散功率。使用三极管时，实际功耗不允许超过 P_{CM}，通常还应留有较大余量，因为功耗过大往往是造成三极管烧坏的主要原因。

4) 集电极—发射极击穿电压 $U_{(BR)CEO}$

BU_{CEO} 是指三极管基极开路时，允许加在集电极和发射极之间的最高电压。通常情况下 C、E 极间电压不能超过 $U_{(BR)CEO}$，否则会引起管子击穿或使其特性变坏。

5. 晶体三极管的检测

这里介绍用万用表检测晶体三极管的方法，这种方法比较简单、方便。

1) 判别三极管的管脚

将指针万用电表置于电阻 R×1k 挡，用黑表笔接三极管的某一管脚(假设作为基极)，再用红表笔分别接另外两个管脚。如果表针指示值两次都很大，该管便是 PNP 管，其中黑表笔所接的那一管脚是基极。若表针指示的两个阻值均很小，则说明这是一只 NPN 管，黑表笔所接的那一管脚是基极。如果指针指示的阻值一个很大，一个很小，那么黑表笔所接的管脚就不是三极管的基极，再另换一外管脚进行类似测试，直至找到基极。

判定基极后就可以进一步判断集电极和发射极。仍然用万用表 R×1k 挡，将两表笔分别接除基极之外的两电极，如果是 PNP 型管，用一个 100 kΩ 电阻接于基极与红表笔之间，可测得一电阻值，然后将两表笔交换，同样在基极与红表笔间接 100 kΩ 电阻，又测得一电阻值，两次测量中阻值小的一次红表笔所对应的是 PNP 管集电极，黑表笔所对应的是发射极；如果是 NPN 型管，电阻 100 kΩ 就要接在基极与黑表笔之间，同样电阻小的一次黑表笔对应的是 NPN 管集电极，红表笔所对应的是发射极。在测试中也可以用潮湿的手指代替 100 kΩ 电阻捏住集电极与基极。

2) 估测穿透电流 I_{CEO}

穿透电流 I_{CEO} 大的三极管，耗散功率增大，热稳定性差，调整 I_C 很困难，噪声也大。电子电路应选用 I_{CEO} 小的管子。一般情况下，可用万用表估测管子的 I_{CEO} 大小。

用万用表 R×1k 挡测量。如果是 PNP 型管，黑表笔(万用表内电池正极)接发射极，红表笔接集电极。对于小功率锗管，测出的阻值在几十千欧以上，对于小功率硅管，测出的阻值在几百千欧以上，这表明 I_{CEO} 不太大。如果测出的阻值小，且表针缓慢地向低阻值方向移动，表明 I_{CEO} 大且管子稳定性差。如果阻值接近于零，表明晶体管已经击穿损坏。如果阻值为无穷大，表明晶体管内部已经开路。但要注意，有些小功率硅管由于 I_{CEO} 很小，测量时阻值很大，表针移动不明显，不要误认为是断路(如塑封管 9013(NPN)，9012(PNP)等)。大功率管 I_{CEO} 比较大，测得的阻值大约只有几十欧，不要误认为是管子已经击穿。如果测量的是 NPN 管，红表笔应接发射极，黑表笔应接集电极。

3) 估测电流放大系数

用万用表 R×1k 挡测量。如果测 PNP 管，红表笔接集电极，黑表笔接发射级，指针会有一点摆动(或几乎不动)，然后，用一只电阻(30～100 kΩ)跨接于基极与集电极之间，或用手代替电阻捏住集电极与基极(但这两电极不可碰在一起)，电表读数立即偏向低电阻一方。表针摆幅越大(电阻越小)表明管子的 β 值高。两只相同型号的晶体管，跨接相同阻值的电阻，电表中读得的阻值小的管子 β 值就更高些。如果测的是 NPN 管，则黑、红表笔应对调，红表笔接发射极，黑表笔接集电极。测试时跨接于基极—集电极之间的电阻不可太小，亦不可使基极集电极短路，以免损坏晶体管。当集电极与基极之间跨接电阻后，电表的指示仍在不断变小时，表明该管的 β 值不稳定。如果跨接电阻未接时，万用表指针摆动较大(有一定电阻值)，表明该管的穿透电流太大，不宜采用。

4) 判断材料

经验证明，用 MF-47 型万用表的 R×1k 挡测三极管的 PN 结正向电阻值，硅管为 5 kΩ 以上，锗管为 3 kΩ 以下。用数字万用表测硅管的正向压降一般为 0.5～0.8 V，而锗管的正向压降是 0.1～0.3 V 左右。

6. 韩国三星电子公司 90 系列产品

常见的韩国三星电子公司 90 系列产品，在市场上也较多见。具体特性如表 4-1 所示。

表 4-1　90 系列三极管的特性

型号	极性	功率/mW	频率特性/MHz	用途	型号	极性	功率/mW	频率特性/MHz	用途
9011	NPN	400	150	高放	9016	NPN	400	500	超高频
9012	PNP	625	150	功放	9018	NPN	400	500	超高频
9013	NPN	625	140	功放	8050	NPN	1000	100	功放
9014	NPN	450	80	低放	8550	PNP	1000	100	功放
9015	PNP	450	80	低放					

7. 晶体三极管的选用

选用三极管时一要满足设备和电路的要求，二要符合节约的原则。

1) 类型选择

按用途选择三极管的类型。

2) 参数选择

在选用三极管时，通常应考虑 β、$U_{(BR)CEO}$、I_{CM}、P_{CM} 等参数。这些参数又有相互制约的关系，在选管时应抓住主要矛盾，兼顾次要因素。

4.3　场效应管

场效应管(Field Effect Transistor，FET)是一种利用电场效应来控制多数载流子运动的半导体器件。

1. 场效应管的分类

场效应管可以分成两大类：一类为结型场效应管，简写为 JFET；另一类为绝缘栅场效应管，简写为 MOSFET，简称 MOS 管。

同普通三极管有 NPN 型和 PNP 两种极性类型一样，场效应管根据其沟道所采用的半导体材料的不同，又可分为 N 型沟道和 P 型沟道两种。按导电方式的不同，MOS 管又可分为增强型和耗尽型两种。

在电路中，场效应管用文字符号 VT 表示，其图形符号如图 4-23 所示，其外形类似于普通晶体管。

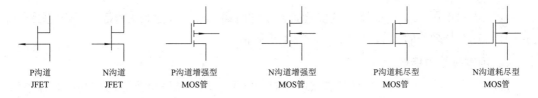

| P沟道
JFET | N沟道
JFET | P沟道增强型
MOS管 | N沟道增强型
MOS管 | P沟道耗尽型
MOS管 | N沟道耗尽型
MOS管 |

图 4-23 常用场效应管图形符号

2. 场效应管的主要特性参数

表征场效应管性能的参数有很多，包括直流参数、交流参数和极限参数。使用场效应管时，一般只需关注以下主要参数：

1) 开启电压 $U_{GS}(th)$

开启电压 $U_{GS}(th)$ 是指在增强型绝缘栅场效应管中，当 U_{DS} 为某一固定值时，能产生 I_D 所需的最小 U_{GS} 值，是管子从不导通到导通的 U_{GS} 临界值。

2) 夹断电压 $U_{GS}(off)$

夹断电压 $U_{GS}(off)$ 是指在结型或耗尽型绝缘栅场效应管中，当 U_{DS} 为某一固定值时，使 $I_D \approx 0$ 所需的最小 U_{GS} 值，是管子从导通到不导通的 U_{GS} 临界值。

3) 饱和漏极电流 I_{DSS}

饱和漏极电流 I_{DSS} 是指在 $U_{GS} = 0$ 的条件下，场效应管的漏极电流。

4) 直流输入电阻 R_{GS}

直流输入电阻 R_{GS} 是指在栅源之间加的电压与栅极电流之比。绝缘栅场效应管的 R_{GS}，由于其栅源之间存在氧化物绝缘层，它的直流电阻可高达 $10^{10} \, \Omega$ 以上。

5) 低频跨导 g_m

低频跨导 g_m 指的是当 U_{DS} 为某固定值时，漏电流的变化量和栅源电压变化量之比，即

$$g_m = \frac{\Delta I_D}{\Delta U_{GS}}$$

低频跨导 g_m 是衡量场效应管放大能力的重要参数。

6) 最大漏极电流 I_{DM}

最大漏极电流 I_{DM} 是指场效应管工作时所允许的最大漏极电流，场效应管的工作电流不应超过此值。

7) 最大耗散功率 P_{DM}

场效应管的最大耗散功率 P_{DM} 是指场效应管性能不变坏时所允许的最大漏源耗散功率，等于它的漏源电压与电流的乘积，它决定管子的温升。使用场效应管时实际功耗应小于此值并留有一定余量。

8) 漏源击穿电压 $U_{(BR)DS}$

漏源击穿电压 $U_{(BR)DS}$ 也称漏源耐压值，是指场效应管正常工作时漏源之间所能承受的最大工作电压。实际工作时加在场效应管上的工作电压必须小于此值。

9) 栅源击穿电压 $U_{(BR)GS}$

栅源击穿电压 $U_{(BR)GS}$ 是指场效应管正常工作时栅、源之间能承受的最大工作电压。实际工作时加在场效应管上的工作电压必须小于此值。

3. 场效应管的特点

(1) 电场控制。场效应管的工作原理类似于电子管，它通过电场作用控制半导体中的多数载流子运动，达到控制其导电能力的目的，故称之为"场效应"管。

(2) 单极型导电方式。在场效应管中，参与导电的多数载流子仅为电子(N 沟道)或空穴(P 沟道)中的一种，在场作用下进行漂移运动形成电流，故也称场效应管为单极型晶体管。而场效应管不像晶体管，它在参与导电的同时有电子与空穴的扩散和复合运动，属于双极型晶体管。

(3) 输入阻抗很高。场效应管输入端的 PN 结为反向偏置(结型场效应管)或绝缘层隔离(MOS 场效应管)，因此其输入阻抗远远超过晶体三极管。通常，结型场效应管的输入阻抗为 $10^7 \sim 10^{10}\ \Omega$，尤其是绝缘栅型场效应管，输入阻抗可达 $10^{12} \sim 10^{13}\ \Omega$。而普通的晶体三极管的输入阻抗为 $1\ k\Omega$ 左右。

(4) 抗辐射能力强。场效应管比晶体三极管的抗辐射能力强千倍以上，所以场效应管能在核辐射和宇宙射线下正常工作。

(5) 噪声低、热稳定性好。

(6) 便于集成。场效应管在集成电路中占有的体积比晶体三极管小，制造简单，特别适于大规模集成电路。

(7) 容易产生静电击穿损坏。由于场效应管的输入阻抗相当高，当带电荷物体靠近金属栅极时很容易造成栅极静电击穿，特别是 MOSFET，其绝缘层很薄，更易击穿损坏。故要注意栅极保护，应用时不得让栅极"悬空"，贮存时应将场效应管的三个电极短路，并放在屏蔽的金属盒内，焊接时电烙铁外壳应接地，或断开电烙铁电源利用其余热进行焊接，防止电烙铁的微小漏电损坏场效应管。

4. 场效应管的检测

1) 结型场效应管栅极判别

根据 PN 单向导电原理，用万用表 R×1k 挡，将黑表笔接在管子一个电极上，红表笔分别接触另外两个电极，若测得的电阻都很小，则黑表笔所接的是栅极，且管子为 N 型沟道场效应管。对于 P 型沟道场效应管栅极的判断法，读者可自行分析。

2) 结型场效应管好坏及性能判别

根据判别栅极的方法，能粗略判别管子的好坏。当栅源间、栅漏间反向电阻很小时，说明管子已损坏。若要判别管子的放大性能，可将万用表的红、黑表笔分别接触源极和漏极，然后用手碰触栅极，表针应偏转较大，说明管子放大性能较好，若表指针不动，说明管子性能差或已损坏。

5. 场效应管的选用

1) 场效应管类型的选择

场效应管有多种类型，应根据应用电路的需要选择合适的管型。

2) 场效应管参数的选择

在选择场效应管时，所选场效应管的主要参数应符合应用电路的具体要求。小功率场效应管应注意输入阻抗、低频跨导、夹断电压(或开启电压)、击穿电压等参数。大功率场效应管应注意击穿电压、耗散功率、漏极电流等参数。

3) 场效应管的使用注意事项

根据 MOS 管的本身性质，使用时应注意以下两点：

(1) 由于 MOS 管输入阻抗很高，容易因感应电压过高而击穿。为防止感应过压而击穿，贮存时应将三个电极短路；焊接或拆焊时，应先将三个电极短路，并先焊漏、源极，后焊栅极，烙铁应接好地线或断开电源后再焊接；不能用万用表测 MOS 管的电极，MOS 管的测试要用测试仪。

(2) 场效应管的源、漏极是对称的，一般可以对换使用，但如果衬底已和源极相连，则不能再互换使用。

4.4 晶 闸 管

1. 晶闸管概述

晶闸管旧称可控硅，是一种"以小控大"的功率(电流)型器件。晶闸管有单向晶闸管、双向晶闸管、逆导晶闸管、可关断晶闸管、快速晶闸管、光控晶闸管等多种类型。通常在未加说明的情况下，晶闸管或可控硅是指单向晶闸管。通常应用较多的是单向晶闸管和双向晶闸管。

2. 单向晶闸管

单向晶闸管广泛用于可控整流、交流调压、逆变器和开关电源电路中，其符号、外形、内部结构和等效电路如图 4-24 所示，图 4-25 所示为常见的晶闸管。

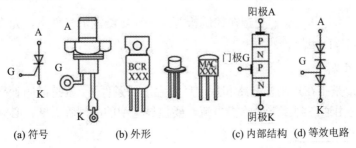

(a) 符号　　　　　(b) 外形　　　　　(c) 内部结构　(d) 等效电路

图 4-24　单向晶闸管的符号、外形、内部结构和等效电路

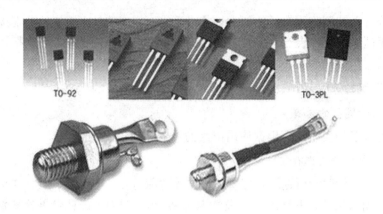

图 4-25　常见的晶闸管

单向晶闸管有三个电极，分别为阳极(A)、阴极(K)和控制极(又称门极，G)。由图 4-24 可见，它是一种 PNPN 四层半导体器件，其中控制极从 P 型硅层上引出，供触发晶闸管用。晶闸管一旦导通，即使撤掉正向触发信号，仍能维护通态。欲使晶闸管关断，必须使正向电流低于维持电流，或施以反向电压强迫其关断。普通晶闸管的工作频率一般在 400 Hz 以下，随着频率的升高，功耗将增大，器件会发热。快速晶闸管一般工作在 5 kHz 以上，最高可达 40 kHz。

3. 单向晶闸管的主要特性参数

表征单向晶闸管性能的参数有很多，具体如下所示：

1) 额定通态平均电流 I_T(AV)

额定通态平均电流 I_T(AV)是指在规定环境温度和标准散热及全导通条件下，晶闸管所允许通过的工频正弦半波电流的最大平均值。应选用 I_T(AV)大于电路实际工作电流的晶闸管。

2) 断态正向重复峰值电压 U_{DRM}

断态正向重复峰值电压 U_{DRM} 是指在控制极开路和晶闸管正向阻断的条件下，允许重复加在阳极与阴极间的最大正向电压，它反映了阻断条件下晶闸管能承受的最大正向电压。

3) 反向击穿电压 U_{BR}

反向击穿电压 U_{BR} 是指晶闸管在控制极开路的情况下，加在阳极与阴极间的最大反向电压，超过此值，晶闸管就会被击穿。

4) 反向重复峰值电压 U_{RRM}

反向重复峰值电压 U_{RRM} 是指在控制极开路和额定结温的条件下，允许重复加在阳极与阴极间的最大反向电压。

5) 维持电流 I_H

维持电流 I_H 是指在控制极开路和规定环境温度的条件下，维持晶闸管导通所需的最小阳极电流。它是由通态到断态的临界电流，要使导通中的晶闸管关断，必须使晶闸管的正向电流小于 I_H。

6) 控制极触发电压 U_G 和触发电流 I_G

控制极触发电压 U_G 和触发电流 I_G 指在规定的环境温度下，使晶闸管导通时所必须的最小控制直流电压和直流电流。

4. 单向晶闸管的导通与截止

晶闸管的导通条件有两个，一是晶闸管承受正向电压(阳极电位高于阴极电位)；二是加上适当的正向控制极电压(控制极电位高于阴极电位)。这两个条件缺一不可。晶闸管一旦被触发导通，控制极即失去控制作用，即使控制极电压变为 0，此时晶闸管仍然保持导通。正因为如此，晶闸管的控制极控制信号只要是正向脉冲电压就可以了，称之为触发电压或触发脉冲。

晶闸管的关断条件是：去掉阳极正向电压；给阳极加反向电压；降低阳极正向电压，使通过晶闸管的电流降低到维持电流 I_H 以下。

5. 检测单向晶闸管

由图 4-24 可知，在控制极与阴极之间有一个 PN 结，而阳极与控制极之间有两个反极串联的 PN 结。因此用万用表 R×100k 挡可首先判定控制极 G。具体方法是：将黑表笔接某一电极，红表笔依次碰触另外两个电极，假如有一次阻值很小，约为几百欧，而另一次阻值很大，约为几千欧，就说明黑表笔接的是控制极 G。在阻值小的那次测量中，红表笔接的是阴极 K，而在阻值大的那一次，红表笔接的是阳极 A。若两次测得的阻值都很大，说明黑表笔接的不是控制极，应改测其他电极。

6. 双向晶闸管

双向晶闸管旧称双向可控硅，其英文简称是 TRIAC，即三端双向交流开关，它是在单向晶闸管的基础上发展而来的，相当于两个单向晶闸管的反极并联，而且仅需一个触发电路，是目前比较理想的交流开关器件。双向晶闸管的符号如图 4-26(a)所示。双向晶闸管的内部结构如图 4-26(b)所示，从图中可以看出，它属于 NPNPN 五层半导体器件，有三个电极，分别称为第一电极 T1，第二电极 T2，控制极 G，T1、T2 又称为主电极。双向晶闸管的等效电路如图 4-26(c)所示，其外形有平板型、螺栓型、塑封型多种。图 4-26(d)所示为小功率塑封晶闸管的外形。

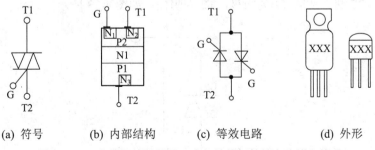

(a) 符号　　　　(b) 内部结构　　　(c) 等效电路　　　(d) 外形

图 4-26　双向晶闸管的符号、内部结构、等效电路图和外形

7. 双向晶闸管的触发方式

双向晶闸管可以双向导通，即控制极上加正或负的触发脉冲，均能触发双向晶闸管正、反两个方向导通。通常，双向晶闸管有Ⅰ+、Ⅰ-、Ⅲ+、Ⅲ-四种触发方式。

1) Ⅰ+触发方式

T2 极为正，T1 极为负，G 极相对于 T1 极为正，正触发，触发电流为正，晶闸管导通方向为 T2 极→T1 极，此时 T2 为阳极，T1 为阴极，如图 4-27 所示。

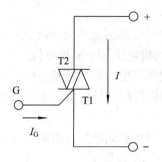

图 4-27　Ⅰ+触发方式

2) Ⅰ−触发方式

T2 极为正，T1 极为负，G 极相对于 T1 极为负，负触发，触发电流为负，导通方向为 T2 极→T1 极，此时 T2 为阳极，T1 为阴极，如图 4-28 所示。

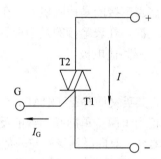

图 4-28　Ⅰ−触发方式

3) Ⅲ+触发方式

T2 极为负，T1 极为正，G 极相对于 T1 极为正，正触发，触发电流为正，晶闸管导通方向为 T1 极→T2 极，此时 T1 为阳极，T2 为阴极，如图 4-29 所示。

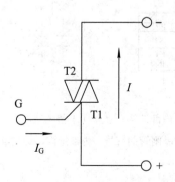

图 4-29　Ⅲ+触发方式

4) Ⅲ−触发方式

T2 极为负，T1 极为正，G 极相对于 T1 极为负，负触发，触发电流为负，导通方向为 T1 极→T2 极，此时 T1 为阳极，T2 为阴极，如图 4-30 所示。

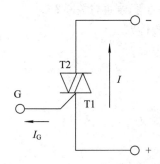

图 4-30　Ⅲ−触发方式

8. 检测双向晶闸管

下面介绍利用万用表 R×1Ω 挡判定双向晶闸管电极的方法。

1) 判定 T2 极

由图 4-28 可见，G 极距 T1 极较近，距 T2 极较远。因此，G—T1 之间的正、反向电阻都很小。在用 R×1Ω 挡测任意两端之间的电阻时，只有在 G—T1 之间呈现低阻，正、反向电阻仅几十欧，而 T2—G、T2—T1 之间的正、反向电阻均为无穷大。这表明，如果测出某脚和其他两脚都不通，就肯定是 T2 极。

2) 区分 G 极和 T1 极

找出 T2 极之后，首先假定剩下两脚中某一脚为 T1，另一脚为 G。把黑表笔接 T1 极，红表笔接 T2 极，电阻为无穷大。接着用红表笔尖把 T2 与 G 短路，给 G 极加上负触发信号，电阻值应为 10 Ω 左右，证明管子已经导通，导通方向为 T1→T2。再将红表笔尖与 G 极脱开(但仍接 T2)，若电阻值保持不变，证明管子在触发之后能维持导通状态。把红表笔接 T1 极，黑表笔接 T2 极，然后使 T2 与 G 短路，给 G 极加上正触发信号，电阻值仍为 10Ω 左右，与 G 极脱开后若电阻值不变，则说明管子经触发后，在 T2→T1 方向上也能维持导通状态，因此具有双向触发性质。由此证明上述假定正确；否则是假定与实际不符，需再作出假定，重复以上测量。

习　题　4

1. 简述二极管的主要特性。

2. 表征二极管性能的参数主要有哪些？在使用时应如何正确选用？

3. 为什么检波二极管采用点接触型，而整流二极管多采用面接触型？

4. 有两个稳压管，一个稳压值 U_{Z1} 为 8 V，另一个稳压值 U_{Z2} 为 7.5 V，若把这两个管子串联，总的稳压值是多少？若把这两只管子并联，总的稳压值又是多少？

5. 如何使用万用表判断三极管的三个电极？

6. 在三极管放大电路中选择三极管时应注重哪些参数？

7. 场效应管有哪几种类型？应如何正确选用？

8. 在使用 MOS 管时应注意哪些事项？

9. 单向晶闸管分别在什么条件下导通与关断？

10. 如何识别单向晶闸管的极性？

11. 双向晶闸管有哪些触发方式？

第5章 电声器件

5.1 扬 声 器

扬声器俗称喇叭，是一种常用的电声器件，它可将电信号转变成声音信号并将其辐射到空气中去。扬声器在收音机、录音机、电视机、计算机、音响和家庭影院系统中，以及电影院、剧场、体育场馆、交通设施等公共场所中得到了广泛的应用。

1. 扬声器的分类

扬声器的种类较多，外形各种各样，其分类方式有多种，常见的有：

按换能方式的不同，扬声器可分为电动式、压电式、电磁式、气动式等；

按结构的不同，扬声器可分为号筒式、纸盆式、球顶式、带式、平板式、组合式等；

按工作频段的不同，扬声器可分为高音扬声器、中音扬声器、低音扬声器、全频扬声器等；

按磁路结构的不同，扬声器可分为内磁式、外磁式、励磁式等。

不同种类的扬声器有不同的用途，一般在广场扩音时，使用电动号筒式扬声器；在收音机、录音机、电视机中多使用电动纸盆式扬声器。

扬声器在电路中用文字符号 BL 表示，其图形符号如图 5-1 所示，外形如图 5-2 所示。

图 5-1　扬声器图形符号

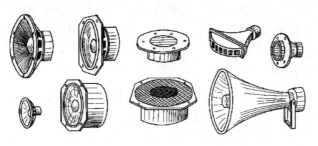

电动式扬声器　　　　球顶式扬声器　　　　号筒式扬声器

图 5-2　扬声器外形图

2. 扬声器的主要参数

扬声器的主要技术参数有标称功率、标称阻抗、频率范围等。

1) 标称功率

扬声器的标称功率又称为额定功率，是指扬声器长期正常工作时所允许输入的最大电功率，常用扬声器的标称功率有：0.1 W、0.25 W、0.5 W、1 W、3 W、5 W、10 W、50 W、100 W 及 200 W 等。

2) 标称阻抗

扬声器的标称阻抗又称为额定阻抗，是扬声器的交流阻抗值。扬声器的标称阻抗约是其音圈直流电阻值的 1.2～1.3 倍。常用扬声器的标称阻抗有：4 Ω、8 Ω、16 Ω。

标称功率和标称阻抗一般均直接标注在扬声器上，如图 5-3 所示。

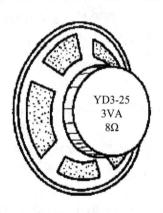

图 5-3　扬声器标注方式

3) 频率范围

频率范围是指扬声器有效工作的频率范围。不同的扬声器具有不同的频率范围，该参数与扬声器的结构、尺寸、形状、材质及工艺等诸多因素有关。一般低音扬声器的频率范围为 20 Hz～3 kHz，中音扬声器的频率范围为 500 Hz～5 kHz，高音扬声器的频率范围为 2～20 kHz。

3. 扬声器的一般检测方法

1) 高、中、低音扬声器的直观判别

由于测试扬声器的有效频率范围比较麻烦，所以多根据它的口径大小及纸盆柔软程度进行直观判断，以粗略确定其频率响应。一般而言，扬声器的口径越大，纸盆边越柔软，低频特性越好。与之相反，扬声器的口径越小，纸盆越硬而轻，高音特性越好。

2) 扬声器性能的检测

将万用表置于 R×1Ω 档，用万用表的两表笔断续触碰扬声器的两引脚，就应听到"喀、喀……"声，喀喇声越响的扬声器，其电声转换效率越高；喀喇声越清脆、干净的扬声器，其音质越好。

如果碰触时万用表指针没有摆动且扬声器不发出声音，则说明扬声器的音圈或音圈引出线断路；如果扬声器不发出声音而指针摆动，则表明扬声器的振动系统有问题，如音圈

变形等。

3) 扬声器阻抗的估测

将万用表置于 R×1Ω 挡，测扬声器音圈的直流电阻值，把测得的阻值乘以 1.2，便近似为此扬声器的阻抗值。例如：假设测得某扬声器的音圈的直流电阻值为 6.5 Ω，则 6.5 × 1.2 = 7.8 Ω，此值接近 8 Ω，所以可以认为该扬声器的阻抗为 8 Ω。

4) 扬声器相位的检测

扬声器相位是指扬声器在串联、并联使用时的正极、负极的接法。当使用两只以上的扬声器时，要设法保证流过扬声器的音频电流方向的一致性，这样才能使扬声器的纸盆振动方向保持一致，不至于使空气振动的能量被抵消，降低放音效果。因此要求串联使用时，一只扬声器的正极接另一只扬声器的负极，并依次地连接起来；并联使用时，各只扬声器的正极与正极相连，负极与负极相连，这就达到了同相位的要求。

将万用表置于 R×1Ω 挡，将万用表的红表笔接扬声器一引脚，用左手指轻轻接触扬声器纸盆，用右手将万用表的黑表笔接触扬声器另一引脚，在接触的瞬间，左手仔细感觉纸盆是先向外还是先向里运动。如果纸盆先向外运动，则黑表笔接的扬声器引脚是正极，红表笔接的扬声器引脚是负极；如果纸盆先向里运动，则红表笔接的扬声器引脚是正极，黑表笔接的扬声器引脚是负极。

4. 扬声器的正确选用

扬声器的种类很多，其性能参数、口径大小、使用范围各不相同。选用时要根据场合、使用目的等合理地选择扬声器。

1) 扬声器的阻抗要与功率放大器的阻抗相匹配

选择扬声器时，应依据功率放大器的阻抗进行选择。只有扬声器的阻抗与功率放大器的阻抗相匹配时，才能发挥出功率放大器与扬声器的应有效率，否则将导致功率损耗，甚至损坏功率放大器或使扬声器发生失真。

2) 扬声器的功率要与功率放大器的功率相适应

选择扬声器时，要根据功率放大器的额定功率大小，选用相应功率的扬声器，使两者基本相适用。加给扬声器的功率不能超过其标称值，否则将会损坏扬声器。

要说明的是，扬声器的阻抗与功率和放大器的输出阻抗与输出功率要同时完成匹配。

3) 对扬声器频率特性的选择

若要获得丰富的低音，应尽量选择大口径的扬声器。也可选用橡皮边扬声器，此种扬声器增加了振动系统的柔顺性，使低频特性大为提高。如在剧场、体育馆、大型厅堂等场所，可选择专业用高频号筒式扬声器。

选择扬声器时，也可根据对音色的需求进行选用。如软球顶型扬声器能够表达出音乐的柔和与温暖，而硬球顶型扬声器则能表达出音乐的清脆、力度和节奏。

4) 扬声器的使用注意事项

使用扬声器时要注意防潮，因为扬声器的音圈受潮后会发霉，导致断路或短路，纸盆受潮后会变形。同时要避免摔、碰撞扬声器导致变形与损坏。

5.2 耳　机

耳机又称耳塞，也是一种将电信号转换为声音信号的电声器件。耳机主要用于袖珍式、便携式的收听装置中，代替扬声器作发声使用。其额定功率一般都在 0.25 W 以下。

1. 耳机的分类

耳机的种类也比较多。

按换能原理的不同，耳机可分为电磁式、压电式、电动式(动圈式等)、静电式(电容式，驻极体式)。

按结构形式的不同，耳机可分为插入式(耳塞式)、耳挂式、听诊式、头戴式(贴耳式，耳罩式)。

按传送声音的不同，耳机可分为单声道耳机和立体声耳机两种。

耳机在电路中用文字符号 BE 表示，其图形符号如图 5-4 所示，常见外形如图 5-5 所示。

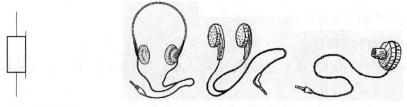

图 5-4　耳机图形符号　　　　　　　　　　图 5-5　耳机常见外形

耳机的主要参数与扬声器相同，应根据需要选用额定功率、标称阻抗和频响范围符合要求的耳机。

2. 耳机的一般检测

目前常用的耳机分高阻抗和低阻抗两种。高阻抗耳机一般是 800～2000 Ω，低阻抗耳机一般是 8 Ω 左右。

检查低阻抗耳机时可用万用表 R×1Ω 挡，而检查高阻抗耳机时将万用表拨至 R×100Ω 挡，用万用表的两表笔断续触碰耳机的两引线插头(地线和芯线)。如果听到"喀、喀……"声，说明耳机良好，"喀喇"声越响，其电声转换效率越高。

如果碰触时听不到"喀、喀……"声，则说明耳机是坏的，不能使用。如果测试中听到失真的声音，则说明音圈不正或音膜损坏变形。

立体声耳机一般为三芯插头，其中的两根芯线中一根是 R(右)通道，一根是 L(左)通道。简单地说等于两个耳机，因此检查时分别检查就行。

3. 耳机的正确选用

1) 根据收听对象选择

若主要用于收听语言广播，只要语言清晰度好就可以，对音质要求不高，此时可选用灵敏度较高的耳机；若主要用于收听音乐，则要选择频带较宽、音质较好的耳机，灵敏度可放在其次。

2) 根据放音设备的档次高低选择

好的耳机，需要好的声源和放音设备，如耳机很好，而音响设备的输出本身就频响不好，且有失真，则再好的耳机也无法很好地收听节目，因此要根据放音设备的档次来选用耳机。

3) 根据放音设备的声道数选择

依据放音设备的声道数来选择耳机，单声道放音设备要选用单声道耳机，双声道放音设备要选用双声道耳机。

4) 根据使用的环境场合选择

在环境噪声较大的场合可选用不通气的耳罩(护耳式)，在家庭中便可选用通气式耳罩。

此外，使用耳机时还应注意：切勿将音量开得太大，由于耳机的功率较小，耳机振动系统的振动范围有限，音量太大时会损坏耳机。

5.3　传　声　器

传声器俗称话筒，又称麦克风，是一种将声音信号转换成相应电信号的电声器件。

1. 传声器的分类

传声器的种类很多，其性能外形各不相同。

根据换能方式的不同，传声器可分为动圈式传声器、电容式传声器、驻极体传声器、晶体式传声器、铝带式传声器和碳粒式传声器等。

根据指向性的不同，传声器可分为全向式传声器、单向心形传声器、单向超心形传声器、单向超指向传声器、双向式传声器和可变指向式传声器。

根据输出阻抗的不同，传声器可分为低阻传声器和高阻传声器两类，一般将输出电阻小于 2 kΩ 的称作低阻传声器，输出阻抗大于 2 kΩ 的称作高阻传声器。

按外形结构的不同，传声器可分为手持式、领夹式、头戴式、平面式、鹅颈式等传声器。

各种传声器广泛应用在录音、扩音、通信、声控等一切需要将声音信号转换成电信号的领域，其中动圈式和驻极体传声器应用最广泛。

传声器在电路中用文字符号 BM 表示，其图形符号如图 5-6 所示，常见外形如图 5-7 所示。

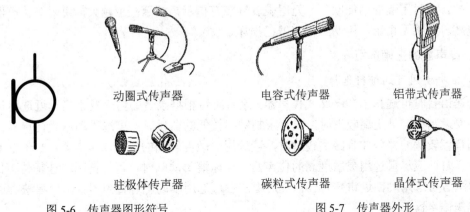

动圈式传声器　　　　电容式传声器　　　　铝带式传声器

驻极体传声器　　　　碳粒式传声器　　　　晶体式传声器

图 5-6　传声器图形符号　　　　　　　　　图 5-7　传声器外形

2. 传声器的主要性能参数

传声器的主要性能参数有灵敏度、输出阻抗、频率响应、指向性等。

1) 灵敏度

传声器的灵敏度是指传声器在一定声压作用下输出电压的大小。它反映了传声器将声音信号转换为电压信号的能力。其单位为 V/Pa、mV/Pa、dB(0 dB=1V/Pa)。一般来说，选用灵敏度较高的传声器效果较好。

2) 输出阻抗

传声器的输出阻抗是指传声器输出端的交流阻抗(在 1 kHz 频率下测量)。选用传声器时，应使传声器的输出阻抗与扩音设备大体匹配。

大部分传声器将其灵敏度与输出阻抗直接标示在传声器上。

3) 频率响应

传声器的频率响应是指传声器的灵敏度随输入的声音频率变化的规律。普通传声器的频率响应为 100 Hz～10 kHz，质量优良的传声器的频率响应为 20 Hz～20 kHz。一般而言，频率响应范围宽的传声器其音质也好。

4) 指向性

传声器的指向性是指传声器的灵敏度随声波入射方向而变化的特性。根据需要，传声器可设计成不同的指向性，常见的有全向性、单向性和双向性 3 种。全向性传声器对来自四周的声波都有基本相同的灵敏度；单向性传声器的正面灵敏度比背面高；双向性传声器的前、后两面灵敏度较高，左、右两侧的灵敏度偏低一些。

3. 传声器的一般检测方法

对动圈式传声器可以用万用表简单地判断一下其质量(电容式传声器不宜用万用表来测量)。测量时，将万用表置于 R×10Ω 挡，两根表笔与传声器的两个输出插头连接，此时，万用表应有一定的直流电阻指示。高阻抗传声器约为 1～2 kΩ，低阻抗传声器约为几十欧。如果电阻为零或无穷大，则表示传声器内部可能已短路或开路。

对驻极体传声器也可以用万用表进行检测。测量时，将万用表拨到 R×1kΩ 挡。对于二端式驻极体传声器，用万用表的负表笔接传声器的 D 端，正表笔接传声器的接地端。对于三端式驻极体传声器，用万用表的负表笔接传声器的 D 端，正表笔同时接传声器的接地端和 S 端，这时用嘴向话筒吹气，万用表表针应有指示，指示范围越大，说明该传声器灵敏度越高。如果无指示，说明该传声器已损坏。

4. 传声器的正确选用

1) 根据使用目的进行选择

传送语言时可选择单向动圈式传声器。录音时可根据录音的内容及距离远近选用传声器，如要录制语言且距离较近时，或者录制频率较低的器乐时，可选用动圈式传声器；如要录制音域较宽的器乐曲且距离较远时，可选用灵敏度较高的电容式传声器；1 m 以上远距离录音时，应尽量选用灵敏度高的传声器。声乐演员演唱时，可根据唱法选择传声器，通俗唱法者可选用动圈近讲传声器；美声唱法者可选用单向电容传声器；民族唱法者可选用电容式传声器。

2) 根据使用的不同环境条件进行选择

在演出舞台上，可选择动圈式和单向电容式传声器；在广播室播音时，可选用动圈式传声器；在录音机、电话机中可选用驻极体传声器；在小型会场、小型礼堂以及人数不太多的会议室中，可选用灵敏度一般的动圈式传声器，若选用灵敏度较高的传声器则会产生反馈啸叫。

3) 根据扩声设备的输入阻抗大小进行选择

对于不同的扩声设备，其传声器的输入阻抗不相同，应做到传声器的输出阻抗与扩声设备的输入阻抗匹配，因为只有在匹配的条件下，传声器与扩声设备才能保证传声与扩声的最佳效果。

习 题 5

1. 如何使用万用表检测判断扬声器的相位？
2. 常见的传声器有哪些？应如何选用？
3. 耳机按其阻抗的不同可以分为哪几种？如何使用万用表检测判断其质量？

第 6 章　光 电 器 件

6.1　光 电 元 件

1. 发光二极管

发光二极管(Light Emitting Diode，LED)是一种能将电能转换为光能的半导体器件，由磷化镓、砷化镓、磷砷化镓、砷磷化镓等半导体材料制成。

发光二极管在电路中用文字符号 VD 表示，其图形符号如图 6-1 所示。

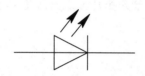

图 6-1　发光二极管的图形符号

1) 发光二极管的分类

发光二极管的种类很多，分类方法各有不同。

(1) 按材料分。

按材料的不同，LED 可分为砷化镓 LED、磷砷化镓 LED、磷化镓 LED、砷磷化镓 LED 等。

(2) 按发光二极管的发光颜色分。

按发光二极管的发光颜色可分为红色、绿色、黄色、橙色等可见光发光二极管以及不可见的红外发光二极管。

(3) 按发光效果分。

按发光效果可分为固定颜色 LED 和变色 LED 两类，其中变色 LED 包括双色和三色等。

(4) 按发光二极管的封装外形分。

按发光二极管的封装外形可分为圆柱形、矩形、方形、三角形、组合形发光二极管。其中圆形发光二极管的外径有 $\phi2 \sim \phi20$ mm 等多种规格，常用的有 $\phi3$ mm、$\phi5$ mm 等。

(5) 按封装形式分。

按封装形式可分为有色透明封装(C)、无色透明封装(T)、有色散射封装(D)和无色散射封装(W)。

(6) 按封装材料分。

按封装材料的不同可分为塑料封装、陶瓷封装、金属封装、树脂封装和无引线封装。

常见发光二极管的外形如图 6-2 所示。

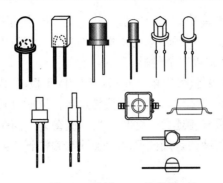

图 6-2　常见 LED 的外形

2) 发光二极管的主要参数

发光二极管的主要参数有最大工作电流 I_{FM} 和最高反向电压 U_{RM}。

(1) 最大工作电流 I_{FM}。

I_{FM} 是指发光二极管长期正常工作所允许通过的最大正向电流。使用中不能超过此值，否则将会烧毁发光二极管。

(2) 最高反向电压 U_{RM}。

U_{RM} 是指发光二极管在不被击穿的前提下所能承受的最大反向电压。使用中不应使发光二极管承受超过此参数值的电压，否则发光二极管将可能被击穿。

发光二极管的参数还有光参数，如半峰宽度、峰值波长、发光强度等，其中发光强度表示发光二极管的发光亮度，由峰值波长可知发光二极管的发光颜色，如峰值波长为 70 nm 时，发光二极管就发出红色光。

3) 发光二极管的检测

用万用表检测发光二极管时，必须使用 R×10k 挡。因为发光二极管的管压降为 2 V 左右，而在使用万用表 R×1k 及其以下各电阻挡时，由于表内电池仅为 1.5 V，低于管压降，无论是正向还是反向接入，发光二极管都不可能导通，也就无法检测。用 R×10k 挡时表内接有 15 V(有些万用表为 9 V)电池，高于管压降，所以可以用来检测发光二极管。

(1) 发光二极管正、负极的判别。

通常，发光二极管两管脚中，较长的是正极，较短的是负极。对于透明或半透明塑料封装的发光二极管，可以用肉眼观察到它的内部电极的形状，内电极较小的为正极，内电极较大的为负极，如图 6-3 所示。

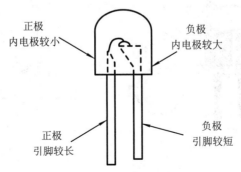

图 6-3　发光二极管的引脚识别

用万用表检测发光二极管的正反向电阻，其中电阻值小的那一次为正向电阻，黑表笔所接引脚为发光二极管的正极，红表笔所接引脚为发光二极管的负极。

(2) 用万用表检测发光二极管的性能。

检测时，将万用表的黑表笔(表内电池正极)接 LED 正极，红表笔(表内电池负极)接 LED 负极，这时发光二极管为正向驱动，表针应偏转过半，同时 LED 中有一个发光亮点。再将两表笔对调后与发光二极管相连接，这时发光二极管为反向驱动，指针应不动，LED 无发光亮点。如果无论正向驱动还是反向驱动，表针都偏转到头或都不动，则说明该发光二极管已损坏。

4) 发光二极管的正确选用

普通发光二极管的工作电压一般都为 2~2.5 V，电路只要满足工作电压的要求，不论是直流还是交流都可以。可根据要求选择发光二极管的发光颜色；可根据安装位置，选择发光二极管的形状和尺寸。

使用发光二极管时应注意不要超过其最大功耗、最大正向电流和反向击穿电压等，还应注意以下几个问题：

(1) 若用电压源驱动，则应在电路中串接限流电阻，以限制流过管子的正向电流，防止 LED 因电流过大而损坏。

(2) 使用交流驱动时，为防止 LED 被反向击穿，可在其两端并联反极性整流二极管保护。

(3) 在焊接发光二极管时，烙铁的温度不应过高或焊接时间不宜过长，以免损坏发光二极管。

2. 光电二极管

光电二极管又叫光敏二极管，是一种能够将光能转换成电能的半导体器件，其外形和图形符号如图 6-4 所示。与普通二极管相似，光电二极管也是具有一个 PN 结的半导体器件，所不同的是光电二极管管壳上有一个透明的窗口，以便使光线能够照射到 PN 结上，将光线强度的变化转换成为电流的变化。常见的有透明塑封装光电二极管、金属壳封装光电二极管、树脂封装光电二极管等。光电二极管有许多种类，常用的有 PN 结型、PIN 结型、雪崩型和肖特基结型等。用得最多的是硅材料 PN 结型光电二极管。

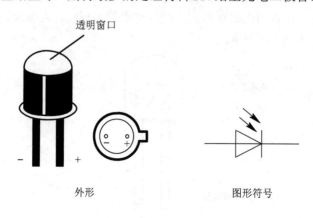

透明窗口

外形　　　　　　　　　　图形符号

图 6-4　光电二极管的外形与图形符号

1) 光电二极管的工作原理

光电二极管的作用是进行光电转换，其通常工作在反向电压状态，如图 6-5 所示。光电二极管是利用 PN 结在施加反向电压时，在光线照射下反向电阻发生变化的原理来工作的，当没有光照射时反向电阻很大，反向电流很小；当有光照射时，反向电阻减小，反向电流增大。光电二极管在反向电压下受到光照而产生的电流称为光电流，光电流受入射照度的控制。照度一定时，光电二极管可等效成恒流源。照度越大，光电流越大，在光电流大于几十微安时，与照度呈线性关系，则当电阻 R 一定时，光照越强，电流越大，R 上获得的功率越大，从而实现了光电转换。

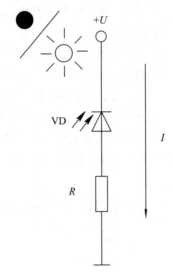

图 6-5 光电二极管工作原理

2) 光电二极管的参数

光电二极管的参数较多，在使用时一般只需关注最高工作电压、光电流、光电灵敏度等主要参数即可。

(1) 最高工作电压 U_{RM}。

最高工作电压 U_{RM} 是指在无光照、反向电流不超过规定值的前提下，光电二极管所允许加的最高反向电压。使用中，不能超过此参数值。

(2) 光电流 I_L。

光电流 I_L 是指在受到一定光照时，工作在反向电压下的光电二极管中所流过的电流，约为几十微安。一般情况下，选用光电流较大的光电二极管效果较好。

(3) 光电灵敏度 S_n。

光电灵敏度 S_n 是指在光照下，光电二极管的光电流 I_L 与入射光功率之比，单位为 $\mu A/\mu W$。光电灵敏度 S_n 越高越好。

3) 光电二极管的检测

(1) 光电二极管的正、负极判别。

光电二极管两管脚有正、负极之分。通常，靠近管键或色标的是正极，另一脚是负极；较长的是正极，较短的是负极，如图 6-6 所示。

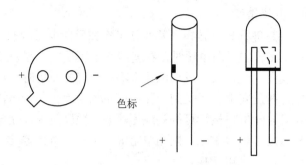

色标

图 6-6　光电二极管的正、负极判别

(2) 用万用表检测光电二极管的好坏。

将万用表置 R×1k 挡,黑表笔(表内电池正极)接光电二极管正极,红表笔接负极,测其正向电阻,应为 10～20 kΩ;对调两表笔,即红表笔接光电二极管正极,黑表笔接负极,然后用一遮光物(例如黑纸片等)将光电二极管的透明窗口遮住,这时测得的是无光照情况下的反向电阻,应为无穷大;移去遮光物,使光电二极管的透明窗口朝向光源(自然光、白炽灯或手电筒等),这时表针应向右偏转至几 kΩ 处,这说明被测管是好的。如果在无光照和有光照时测得的反向电阻均为 0 或无穷大,则说明此光电二极管是坏的,不能使用。

4) 光电二极管的正确选用

光电二极管的种类很多,而且参数相差较大,选用时要根据电路的要求,首先确定选用什么类别的,再确定选用什么型号的,最后再从同型号中选用参数满足电路要求的光电二极管。

3. 光电三极管

光电三极管的作用也是实现光电转换。但是,光电二极管光电转换的灵敏度低,而光电三极管实质是在光电二极管的基础上加了一级放大,使其光电转换的灵敏度大大提高。

1) 光电三极管的外形

光电三极管为 NPN 结构,基极即为光窗口。大多数光电三极管只有发射极 E 和集电极 C 两个管脚。也有部分光电二极管基极 B 有引出管脚,作为温度补偿,不用时可将其减去。光电三极管的外形和图形符号如图 6-7 所示。

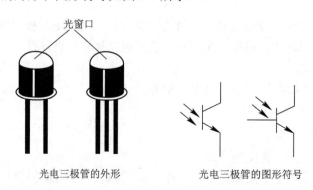

光窗口

光电三极管的外形　　　　　　光电三极管的图形符号

图 6-7　光电三极管的外形与图形符号

2) 光电三极管的工作原理

光电三极管可以等效为光电二极管和一般三极管的组合元件，如图 6-8 所示。

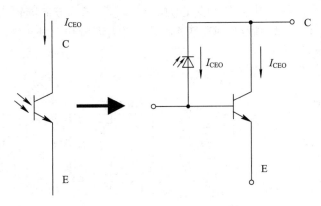

图 6-8 光电三极管的等效电路

图中 I_{CEO} 随入射光的变化而变化，约为几十微安，而由于三极管的电流放大作用，集电极电流 I_{CEO} 可达基极电流的几十倍。因此，光电三极管具有较高的光电转换的灵敏度。

3) 光电三极管的检测

(1) 从外观上检查判别光电三极管的引脚。

靠近管键或色标的是发射极 E，离管键或色标较远的是集电极 C，较长的管脚是发射极 E，较短的管脚是集电极 C。如图 6-9 所示。

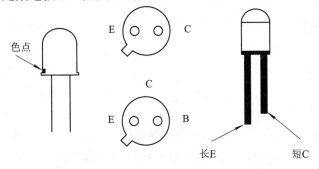

图 6-9 光电三极管的引脚识别

(2) 用万用表检测光电三极管的好坏。

将万用表置于 R×1k 挡，用黑表笔接光电二极管的集电极 C，红表笔接光电三极管的发射极 E。用遮光物遮住光电三极管的光窗口，由于没有光照，光电三极管中没有电流，其电阻值应接近无穷大；移去遮光物，将光电三极管的光窗口朝向光源，这时万用表的指针应向右偏转至几 kΩ 或 1 kΩ 左右，指针的偏转幅度表征了光电三极管的灵敏度。

6.2 光 电 耦 合 器

光电耦合器是实现光电耦合的基本器件，它将发光器件(如红外发光二极管)与受光器件(如光电二极管、光电三极管)共同封装在一起。

1. 光电耦合器的种类

光耦合器外形有两种，其中国产的 GD14 型等，管脚为双向同轴的塑封结构；国产 GH301 和进口产品 4N25 型等为双列直插式结构，并有四脚和六脚两种，其符号与外形如图 6-10 所示。

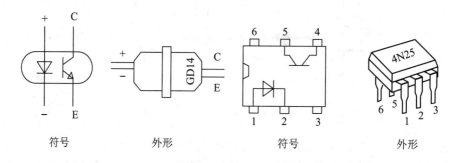

图 6-10　光点耦合器的符号与外形

光电耦合器的种类很多，在不同的场合可根据需要采用不同种类的光电耦合器。常见光电耦合器的类型和电路图形符号如图 6-11 所示。

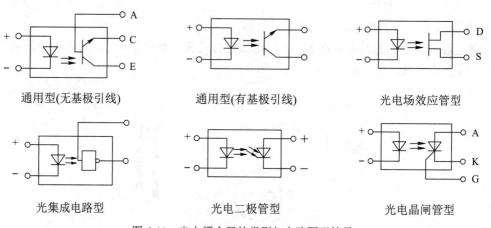

图 6-11　光电耦合器的类型与电路图形符号

2. 光电耦合器的主要参数

1) 输入参数

输入参数是指输入端发光器件的主要参数，包括光强度以及最大工作电流等。

2) 输出参数

输出参数是指输出端受光器件的主要参数，如用光电二极管或光电三极管时，则参数有光电流和暗电流、饱和压降、最高工作电压、响应时间以及光电灵敏度等。

3) 传输参数

(1) 极间耐压。

极间耐压指光电耦合器的输入端与输出端之间的绝缘耐压值。当发光器件与受光器件的距离较大时，其极间耐压值就高，反之就低。

(2) 极间电容。

极间电容指光电耦合器的输入端与输出端之间的分布电容，一般为几皮法。

(3) 隔离阻抗。

隔离阻抗指光电耦合器的输入端与输出端之间的绝缘电阻值，其值可达 $10^{12} \Omega$ 以上。

(4) 电流传输比。

电流传输比是指当输出端工作电压为一个定值时，输出端电流与输入端发光二极管的正向工作电流之比。电流传输比可表征光电耦合器传输信号能力。

3. 光电耦合器的检测

光电耦合器也可用万用表检测，输入部分和检测发光二极管相同，输出部分与受光器件类型有关，对于输出为光电二极管、三极管的，则可按光电二极管、光电三极管的检测方法测量。下面以通用型光电耦合器为例，介绍光电耦合器的检测方法。

1) 静态检测

由于光电耦合器的发射管(输入端)和接收管(输出端)是相互隔离的,因此可以用万用表单独检测这两部分。

将万用表置于 R×1k 或 R×100 挡，测发光二极管的正、反向电阻值。正常情况下，正向电阻值为几百欧，反向电阻值为几千欧至几十千欧。要注意不能用万用表的 R×10k 挡，由于光电耦合器内部的发光二极管的工作电压一般为 1.5~2.3 V，而万用表的 R×10k 挡内有 9 V 以上积层电池，会导致发光二极管击穿。

测量接收管的集电结和发射结电阻时，无论正测还是反测，其阻值都应为无穷大，否则表示接收管已损坏。

2) 动态检测

给光电耦合器的输入端加一电压，使发光二极管发光，同时检测输出端光电三极管有无产生电流，以此来检测该光电耦合器的好坏。

检测时可用两块万用表，将一块万用表置 R×1k 挡，黑表笔接发射二极管的正极，红表笔接发射二极管的负极，为发射二极管提供驱动电流，使二极管发光。将另一块万用表置 R×100 Ω 挡，黑表笔接光电三极管的集电极，红表笔接发射极，当发光二极管发光时，光电晶体管集电极、发射极间的阻值应由无穷大变为大约几十欧。

保持这种连接，将与发光二极管连接的万用表置 R×100 挡，降低驱动电流，发光二极管发的光减弱，此时光电三极管产生的电流就小了，表示现在万用表指示电阻值变大了(大约由几十欧变为几千欧)。如果接收管输出两端之间的阻值变化不大，说明该光电耦合器已损坏而不能使用。

6.3 LED 数 码 管

LED 数码管是把二极管制成条状，再按照一定方式连接，组成数字"8"的形状而构成的。LED 数码管是数字式显示装置的重要部件。它具有体积小、功耗低、寿命长、响应速度快、显示清晰、易于与集成电路匹配等优点。适用于数字化仪表及各种终端设备中作数字显示器件。

1. LED 数码管的结构和工作原理

LED 数码管有共阴极与共阳极两种结构，内部结构如图 6-12 所示。a～g 代表 7 个笔段的驱动端，DP 是小数点。第 3 脚与第 8 脚内部连通，为公共端。

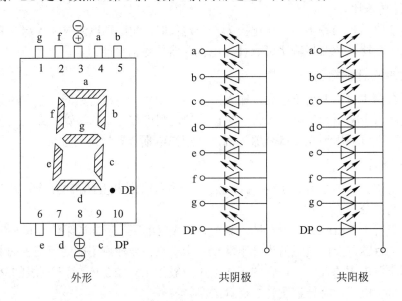

外形　　　　　　　　　　共阴极　　　　　　　　共阳极

图 6-12　LED 数码管的结构

对于共阳极 LED 数码管，将 8 只发光二极管的阳极连接起来作为公共阳极。其工作特点是当笔段驱动信号为低电平而公共阳极接高电平时，相应笔段就发光。

对于共阴极 LED 数码管，则相反，将 8 只发光二极管的阴极连接起来作为公共阴极。其工作特点是当笔段驱动信号为高电平，而公共阴极接低电平时，相应笔段才发光。

2. LED 数码管的检测

1) 判别 LED 数码管是共阴极还是共阳极

将万用表置 R×10k 挡，用黑表笔接 LED 数码管的 1 脚，红表笔接 LED 数码管的 3 脚或 8 脚，如果 LED 数码管 g 段发出光来，说明 LED 数码管是共阴极的。

如果此时 g 段不发出光来，交换表笔，即黑表笔接 LED 数码管的 3 脚或 8 脚，红表笔接 LED 数码管的 1 脚，此时若 g 段发出光来，说明 LED 数码管是共阳极的。

2) 检测 LED 数码管发光情况

将万用表置 R×10k 挡。对于共阴极 LED 数码管，用万用表的红表笔接 3 脚或 8 脚，黑表笔依次接触其他引脚，黑表笔接触哪个引脚，哪个笔段就会发光，同时万用表的指针应大幅度摆动。如果黑表笔接触某个引脚，其对应的笔段不发光，万用表指针也不摆动，说明该笔段已经损坏。

对于共阳极 LED 数码管，其检测方法与共阴极 LED 数码管的检测方法类似，只需将万用表的黑表笔接 3 脚或 8 脚，而红表笔依次接触其他引脚。

习 题 6

1. 如何使用万用表检测判断光电二极管和光电三极管的质量？

2. 光电耦合器是怎样传输信号的？为什么说光电耦合器的抗干扰能力强？

3. LED 数码管是怎样组成的？所谓"共阳极"和"共阴极"LED 数码管的工作特点有什么不同？

4. 如何使用万用表检测判断 LED 数码管是共阴极还是共阳极，以及 LED 数码管各段的发光情况？

第7章 开关、接插件与继电器

开关、继电器与各种接插件都是用来控制(完成)线路的接通或断开的器件。不同的是开关一般是人工手动操作的,而继电器是由一定的电路提供的电流来实现自动操作的。另外电器设备中的各种插头、插座等接插件也是必不可少的,用以完成部分电路(或元器件)的连接与断开。

7.1 开 关

1. 开关元件

开关在电路中一般用字母"K"表示(取自中文"开"的汉语拼音字头),新规定用字母"S"或"SX"表示。开关的基本图形符号如图7-1所示。

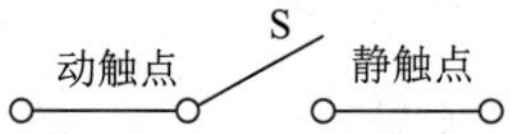

动触点   S   静触点

图7-1 开关的基本图形符号

我们可以将开关的电路符号想象成一个简单的闸刀开关。它有两个引脚,两个引角分别表示开关的"动触点"和"静触点"。与动触点相连的线段就是"闸刀"。电路图符号所画的闸刀的状态就是开关平时的状态,如果平时是断开的,就称为"常开开关";如果闸刀平时是闭合的,就称它为"常闭开关"。

图7-1所示的开关,由于它只有一个闸刀,一个静触点,所以称它为"单刀单掷开关",指的是它只有一个闸刀且只能往一个方向打(掷)。

通常在实际电路中所看到的大部分开关都要复杂一些,一般根据闸刀的数目和静触点的数目将它们命名为"几刀几掷开关",如单刀单掷开关就表示为1×1开关,四刀双掷开关就是4×2开关。图7-2所示的几个开关都是多刀多掷开关。

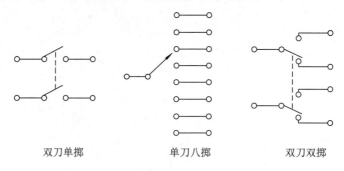

双刀单掷   单刀八掷   双刀双掷

图7-2 多刀多掷开关图形符号

例如单刀八掷开关，它只有一个可以转换的闸刀(一个动触点)，这个闸刀在转换中能够与八个静触点中的任意一个相连，构成通路。这样，与动触点相连的电路能够有选择地和八个静触点相连的电路连接，起到了"一个选八个"的作用。双刀双掷开关可以使两条线路同时进行选择(双刀之间的虚线表示联动)，双刀双掷开关常用在正、负电源的转换上。

不管什么样的开关，只要抓住闸刀的数目和静触点的数目，就能容易地分辨出它们的电路功能。当然，大多开关并不是闸刀式的，但它们所完成的功能实际上和闸刀开关是一样的，分析时可以将它们作为闸刀开关来看待。

另外还有一些推拉式或拨动式的开关，它们的图形符号如图 7-3 所示，中间的小圆圈是动触点，两边的圆圈表示静触点，触点上的线段表示金属滑片，也就等效于前面所讲的闸刀。

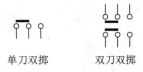

单刀双掷　　　双刀双掷

图 7-3　拨动式开关图形符号

还有一种常用的开关，我们称之为"按键"或"按钮"，这种开关没有动触点和静触点之分，而只有金属触点和触片。按键开关的图形符号如图 7-4 所示。

图 7-4(a)和图 7-4(b)所示的开关，触点平时不和触片接触(常开触点)，当按下按键时，触片同时和触点接触，使与触点相连的线路接通。图 7-4(c)所示的开关，平时触片将上面的两触点接通(常闭)，当按下按键时，触片离开上面两触点(由常闭到短开)，而将下面两触点接通(由常开到闭合)，实现了线路的转换。

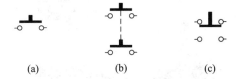

(a)　　　(b)　　　(c)

图 7-4　按键开关图形符号

2. 开关的分类

1) 电源开关

电源开关是为了接通电器装置的电源而使用的，常用的有钮子开关、拨动开关、船形开关及按键式开关等等，常见的电源开关的外形如图 7-5 所示。

图 7-5　常用电源开关的外形

应用时，若只需要通断电源的一条线，则可选用单刀双掷开关；若需要同时切断或接通电源的两条线，则须选择双刀单掷电源开关。一般当用电器采用市电 220 V 时，则电源开关的耐压应大于 250 V。而开关允许通过的电流，可根据所用电器的功率而定，一般有 1 A、1.5 A、2.5 A 等多种。选用和更换电源开关时，必须注意开关应能满足其电压和电流的需求。至于形式上的选择，只是为了适应安装及装饰上的要求而已。

2) 微动开关

微动开关的外形如图 7-6 所示，它基本上属于单刀双掷式开关，平时有一对常闭触点、一对常开触点。当按下微动钮时，原来常闭触点断开，而常开触点闭合，当外力消失后，开关触点又恢复到原来的状态。

图 7-6　微动开关的外形

3) 波段开关

波段开关是收音机或收录机中用于变换接收信号的波段或变换功能的开关。它有多组触点，可以同时通、断多个触点。常用的波段开关有旋转式、拨动式、琴键式等几种。波段开关的外形如图 7-7 所示。

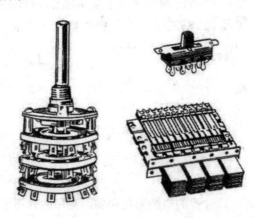

图 7-7　波段开关的外形

4) 定时开关

定时开关是能够在一定的时限内动作的开关。定时开关的类型很多，有机械式、电子式等多种。例如洗衣机或电风扇的定时开关，过去以机械式的为多，随着电子技术的发展，由电子电路组成的时间控制开关逐步流行开来。

开关的分类方法很多，除以上按用途分类外，也可以按结构特点分类。一般机械开关的分类见图 7-8。

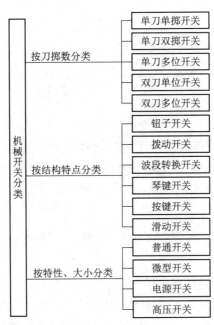

图 7-8　开关分类

3. 机械开关的主要技术参数

1) 最大额定电压

最大额定电压是指在正常工作状态下开关允许施加的最大电压。

2) 最大额定电流

最大额定电流是指在正常工作状态下开关允许通过的最大电流。

3) 接触电阻

接触电阻是指开关接通时，两触点导体之间存在的电阻值(对理想开关，其接触电阻为零)，该值要求越小越好，一般开关的接触电阻大多在 0.02 Ω 以下，否则开关工作时易发热、打火花。

4) 绝缘电阻

绝缘电阻是指开关触点断开时，触点间的电阻值(理想开关应为无穷大)，该值越大越好，一般应在 100 MΩ 以上。

5) 寿命(通断次数)

寿命是指开关在正常的工作条件下的有效工作次数，通常大于 5000～10 000 次，要求较高的开关的有效工作次数都在 $5 \times 10^4 \sim 5 \times 10^5$ 次以上。

上述指标有的需要在专用设备和条件下才能测试，一般应用时主要应注意额定电压、额定电流及接触电阻这三项指标就足够了。

4. 电子开关

电子开关的种类很多，它们虽然也叫开关，但更多地则涉及电子电路。电子开关不同于机械式开关，电子开关都是有源的，即需要外加电源才能完成开关的触点动作。电子开关的组成框图如图 7-9 所示。

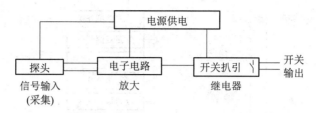

图 7-9　电子开关的组成

电子开关的信号输入(或信号采集)可以通过声、光、接近、手触等多种方式,输入信号由传感元件转换成电信号后,由电子电路进行放大、定时等处理,然后去推动开关执行元件(如继电器),最后驱动触点的通断,从而完成开关的功能。

7.2　接　插　件

各种插头、插座以及接插件在电子产品中被广泛使用。常见的如收音机等各种收音、放音设备,可以用相应的插头方便地外接耳机或喇叭;电子设备中的印刷电路板利用装在机器上的插座,可方便地插拔,以进行焊装与检测;机器的外围部件与机器的连接,均采用各种电缆插头、插座来完成;还有多种规格的集成电路插座,能够使集成电路的安装、调试及更换更加方便。

各种插头、插座及接插件要求简单、插拔方便可靠、尺寸标准,以便于互换。此处仅介绍一些较常用的接插元件。

1. 插头、插座

一些小型的接插件主要有插头、插座、接线柱等。图 7-10 是一些接插件的图形符号。

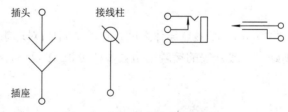

图 7-10　一些接插件的图形符号

图 7-11 是立体声插头与插座的外形和图形符号。

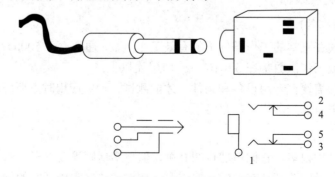

图 7-11　立体声插头与插座的外形和图形符号

　　立体声一般有左右两个声道，所以要用三根线来传输信号：一根为公共地线，另外两根则分别为左、右声道的信号线。所以立体声的插头上有三个彼此绝缘的金属接点，靠近根部的圆头一般为公共地线，靠近头部的其余两部分分别接左、右声道的信号接线端接点。当此插头插入到位时，插头上的三部分分别与插座的 1、2、3 三个部分接触，完成两路信号的传输，使耳机发声，同时断开机内与 4、5 触点相连的两路喇叭连线，使喇叭得不到声音信号而停止发音，实现了喇叭发声与外接耳机发声的换接。

　　单声道耳机插头插座的工作原理和立体声耳机插头插座的工作原理是一样的，只不过耳机插头上少了一路，而插座上比立体声插座少了两个接点。

　　普通外接话筒(麦克风)插头插座的工作原理和耳机插头插座的工作原理是一样的。这种信号的接入、接出用的插头座有两种尺寸，较粗的为 $\phi6$ mm 插头座，一般用于扩音机、音响或专业的制作设备中；另一种小型的信号插头座尺寸有 $\phi3.5$ mm 和 $\phi2.5$ mm 两种，主要用在小型放音设备中，如小收音机、随身听、MP3 等民用电器中。

2. 集成电路插座与印刷板插座

　　常见的集成电路插座如图 7-12 所示，它们是专为双列直插式集成电路设计的。

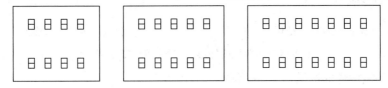

图 7-12　常见集成电路的插座

　　在电路中，通常将集成电路插座固定在印刷线路板上，再将集成电路插入插座。这样，在检测和更换集成块时就方便多了。

　　在一些电器设备中，常用接插件来实现整块印刷电路板与底板上其他部分电路(或元器件)的联系。应用时要注意印刷板插头的大小与厚度一定要与印刷板插座相配套，以保证各接点在电气上的良好接触，如图 7-13 所示。

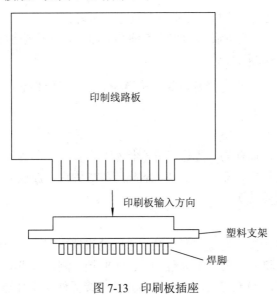

图 7-13　印刷板插座

3. 万能线路板(面包板)

万能线路板是一种便于随意拆装的线路板,特别适用于小型电子产品的试制和学生做电子实验用。这种万能线路板上有许多类似白色的小孔,人们在万能线路板上的小孔插、拔元件非常方便,所以万能线路板又称为"面包板"。面包板的外形结构和电源排断点连接如图 7-14 所示。常见的面包板一般长 160～190 mm,宽 64 mm 左右。

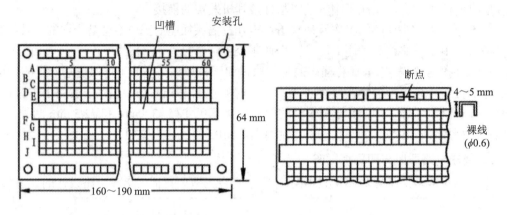

(a) 面包板外形结构　　　　　　　　　(b) 面包板电源排断点连接

图 7-14　面包板的外形结构和电源排断点连接

4. 开关及接插件的选用

选用开关和接插件时,除了应根据产品技术条件所规定的电气、机械、环境要求外,还要考虑元件动作的次数、镀层的磨损等因素。因此,选用开关和接插件时应注意以下几个方面的问题:

(1) 首先应根据使用条件和功能来选择合适类型的开关及接插件。

(2) 开关、接插件的额定电压、电流要留有一定的余量。为了接触可靠,开关的接点和接插件的线数要留有一定的余量,以便并联使用或备用。

(3) 尽量选用带定位的接插件,以免插错而造成故障。

(4) 接点的接线和焊接要可靠,为防止断线和短路,焊接处应加套管保护。

5. 开关和接插件的一般检测

开关和接插件的检测要点是接触可靠、转换准确,一般用外观检查和万用表测量即可达到要求。

1) 外观检查

对非密封的开关、接插件均可先进行外观检查,主要工作是检查其整体是否完整,有无损坏,接触部分有无损坏、变形、松动、氧化或失去弹性,波段开关还应检查定位是否准确,有无错位、短路等情况。

2) 用万用表检测

将万用表置于 R×1Ω 挡,测量接通两触点之间的直流电阻,这个电阻应接近于零,否则说明触点接触不良。将万用表置于 R×1k 或 R×10k 挡,测量接点断开后接点间和接点对"地"间的电阻,此值应趋无穷大,否则说明开关、接插件绝缘性能不好。

7.3 继 电 器

继电器是自动控制电路中常用的一种控制器件，它可以用较小的电流来控制较大的电流，用低电压来控制高电压，用直流电来控制交流电等，并且可实现控制电路与被控电路之间的完全隔离，在电路中起着自动操作、自动调节、安全保护等作用。

继电器也属于开关的范畴。各种继电器是利用电磁原理、机电原理或其他方法实现自动接通一个或一组触点，来完成电路的开关功能的。

1. 继电器的工作原理

继电器在电路中用字母"J"表示。一个电磁式继电器的结构及图形符号如图 7-15 所示。

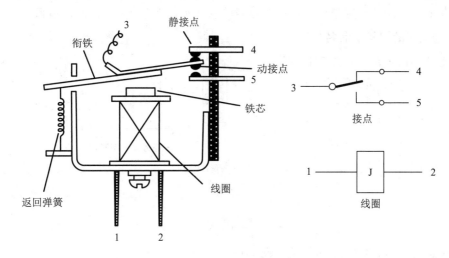

图 7-15 电磁式继电器的结构及图形符号

由图 7-15 可见，继电器的图形符号是由一个单刀双掷开关和一个标有字母"J"的方框两部分组成的。方框表示继电器的电磁铁(由铁芯与线圈组成)，两边的引脚为线圈的两个接线端。对于触点部分，平时动触点和上面的静触点接触，当电磁铁的线圈通过合适的电流时，电磁铁产生磁力吸引动触点，使动触点离开上面的静触点，而和下面的静触点接通。当线圈中的电流消失时，铁芯失去磁力，动触点就被返回弹簧拉回到平时的位置。这样，就可以通过控制电磁铁线圈中电流的通和断，来控制继电器开关触点的动作。

在不通电时，与动触点接触的那个静触点称为继电器的"常闭触点"；而通电后与动触点接触的静触点称为"常开触点"。各种继电器都是由一个电磁铁和一组或多组的常开、常闭触点所组成的，在电路分析时可以一组一组地进行分析。

2. 继电器的主要技术参数

1) 线圈额定工作电压或额定工作电流

线圈额定工作电压或额定工作电流是指继电器正常工作时，线圈所需施加的端电压或通过的电流值。

2) 线圈电阻

线圈电阻是指线圈的直流电阻数值，不同电压下的继电器的直流电阻各不相同。

3) 吸合电压或电流

吸合电压或电流是指继电器能产生吸合动作的最小电压或电流。一般吸合电压为正常电压的 75%左右。

4) 释放电压或电流

释放电流是指继电器产生释放动作的最大电流。当继电器吸合状态的电流减少到一定程度时，继电器就会恢复到未通电的释放状态。释放电压是指继电器在稳定吸合后，触点复位时所对应的线圈两端的最小电压。

5) 接点负荷

接点负荷指的是触点负载能力。当通过触点的电流过大时，触点就可能烧蚀。触点电流及负荷能力，是在一定电压下继电器接点(触点)所承受的最大允许的电流值。

3. 继电器的型号及命名方法

继电器的命名格式如图 7-16 所示。

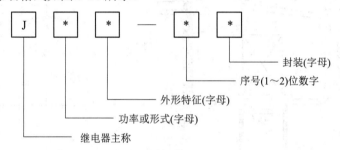

图 7-16　继电器的命名格式

继电器型号中各位字母的意义见表 7-1。

表 7-1　继电器型号中字母的意义

1	2	3	4	5
继电器主称	功率或形式	外形特征	序号	封装
J	W: 微功率 R: 弱功率 Z: 中功率 Q: 大功率 A: 舌簧 M: 磁保护 H: 极化 P: 高频 L: 交流 S: 时间 U: 温度	W: 微型 C: 超小型 X: 小型 G: 干式 S: 湿式	—	F: 封闭式 M: 密封式 (无): 敞开式

继电器外壳所标型号示例如图 7-17 所示。其中 3A28VDC、3A120VAC，指的是接点负载，使用时注意不能超过此参数。型号的意义(按从左往右的顺序)为：J—继电器；Z—中功率；C—超小型；21—产品序号；F—封闭式；006—额定电压变 6 V；1Z：一组触点；2—塑封式或防尘罩式；1—纯银镀金触点或纯银触点。

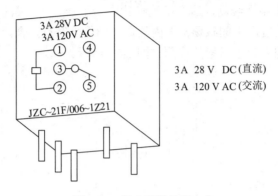

图 7-17　继电器型号的命名

4. 继电器的简易检测

根据继电器的接点负载参数值，可用万用表检测继电器线圈的电阻值，若测量的线圈电阻过大或过小，则说明线圈存在着断线或短路的故障。

检测继电器触点的工作情况是给继电器线圈接上规定的工作电压，用万用表的 R×1 挡检测触点的通、断情况。未加电压时，常用触点应导通。施加工作电压时，应能听到继电器触点的吸合声，这时常开触点应导通，否则应检查触点是否清洁、氧化及触点压力是否足够。

5. 干簧管

干簧管是一种利用磁场信号来控制线路通、断的开关器件。图 7-18 所示为一个干簧管的结构、工作原理示意图。

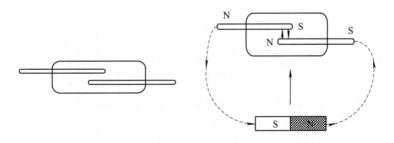

图 7-18　干簧管结构、工作原理示意图

干簧管的外壳是一根密封的玻璃管，在玻璃管中装有两个铁质的弹性簧片电极，玻璃管中充有惰性气体。平时玻璃管中的两个簧片是分开的。当有磁性物质靠近玻璃管时，在磁力线的作用下，管内的两个簧片被磁化而互相吸引接触，使两引脚所连的外电路接通。当外磁场消失后，两个簧片由本身的弹性而分开，线路就断开。还有一种簧片管，玻璃管内的簧片触点上有水银，用以加强接通时的导电性，这种管叫作湿簧管，所以前面所说的簧片触点上没有水银的就称为干簧管。

干簧管平时处于断开状态，有外磁场时才导通，称作"常开式干簧管"；当然还有"常闭式干簧管"。还有一种干簧管，玻璃管内有 1、2、3 三个簧片。平时 1 和 2"常闭"，3不通。有磁场时，1 和 3 接通，2 不通，这种干簧管称为"转换式干簧管"，簧片 1 是动片，2 为常闭触点(一般由磁性材料做成)，3 称为常开触点。

　　如果在干簧管外面绕上线圈，这个干簧管就成为了一个"干簧管继电器"。当线圈中通过合适的电流时，线圈产生的磁场使管内的簧片动作，触点闭合，相当于继电器触点接通，故称之为干簧继电器。干簧管的检测如图 7-19 所示。

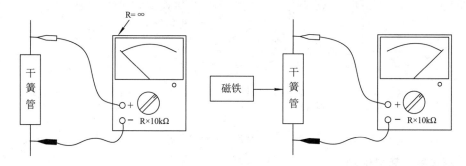

图 7-19　干簧管检测

6. 固态继电器

　　固态继电器(Solid State Relay，SSR)是利用现代微电子技术与电力电子技术相结合而发展起来的一种新型五触点电子开关器件，它可以实现用微弱的控制信号(几毫安到几十毫安)控制大电流负载，进行无触点接通或分断。

　　固态继电器可分为直流式和交流式两大类。直流式固态继电器的电路示意图如图 7-20所示。交流式固态继电器的电路示意图如图 7-21 所示。

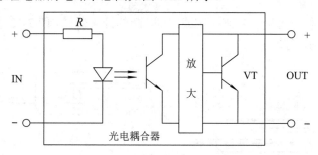

图 7-20　直流式固态继电器的电路示意图

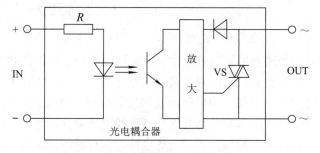

图 7-21　交流式固态继电器的电路示意图

7. 继电器的选用

1) 了解必要的条件

(1) 控制电路的电源电压，能提供的最大电流。

(2) 被控制电路中的电压和电流。

(3) 被控电路需要几组、什么形式的触点。选用继电器时，一般控制电路的电源电压可作为选用的依据。控制电路应能给继电器提供足够的工作电流，否则继电器的吸合是不稳定的。

2) 查阅有关资料

确定使用条件后，可查找相关资料，找出需要的继电器的型号和规格。若手头已有继电器，可依据资料核对是否可以利用。最后考虑脚位及尺寸是否合适。由于每个客户应用的范围不同，因此对继电器的脚位及外形尺寸都有要求。

3) 注意器具的容积

若是用于一般用电器，除考虑机箱容积外，小型继电器应主要考虑电路板的安装布局。对于小型电器，如玩具、遥控装置，则应选用超小型继电器产品。

习　题　7

1. 在电子电路中，有哪些常用的接插件与开关？
2. 试简述电磁式继电器的工作原理。
3. 试简述继电器的一般检测方法。

第8章　集成电路

8.1　集成电路

　　所谓集成电路(IC)，是指在一块极小的硅单晶片上，利用半导体工艺将许多晶体二极管、三极管及电阻等元器件连接成能完成特定电子技术功能的电子电路。从外观上看，它已成为一个不可分割的完整的电子器件。集成电路在体积、重量、耗电、寿命、可靠性及电性能指标方面远远优于晶体管分立元件组成的电路，因而在电子设备、仪器仪表及电视机、录像机、收音机等家用电器中得到广泛的应用。

1. 集成电路的分类

　　集成电路的种类相当多，按其功能不同可分为模拟集成电路和数字集成电路两大类，前者用来产生、放大和处理模拟电信号，后者则用来产生、放大和处理各种数字电信号。所谓模拟信号，是指幅度随时间连续变化的信号。所谓数字信号，是指在时间上和幅度上离散取值的信号。在电子技术中，通常又把模拟信号以外的非连续变化的信号统称为数字信号。

　　半导体集成电路的分类如图 8-1 所示。

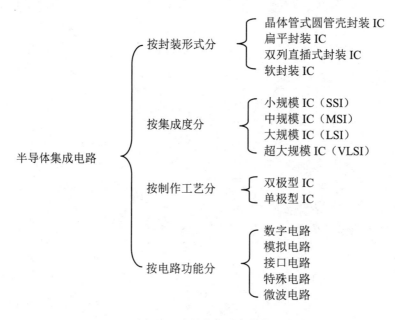

图 8-1　半导体集成电路的分类

2. 集成电路应用须知

1) CMOS IC 应用须知

(1) CMOS IC 工作电源 $+U_{DD}$ 为 $+5\ V \sim +15\ V$，U_{SS}(地)接电源负极，二者不能接反。

(2) 输入信号电压 U_i 应为 $U_{SS} \leqslant U_i \leqslant U_{DD}$，超出此范围则会损坏器件。

(3) 多余的输入端一律不许悬空，应按它的逻辑要求接 U_{DD} 或 U_{SS}(地)。

(4) 调试使用中要严格遵守以下步骤：开机时，先接通电源，再加输入信号；关机时，先撤去输入信号，再关闭电源。

(5) CMOS IC 输入阻抗极高，易受外界干扰、冲击和静态击穿，应存放在等电位的金属盒内。焊接时应切断电源电压，电烙铁外壳必须良好接地，必要时可拔下电烙铁，利用余热进行焊接。

2) TTL IC 电路应用须知

(1) 在高速电路中，电源至 IC 之间存在引线电感及引线间的分布电容，既会影响电路的速度，又易通过共用线段产生级间耦合，引起自激。为此，可采用退耦措施，在靠近IC 的电源引出线和地线引出端之间接入 $0.01\ \mu F$ 的旁路电容器。在频率不太高的情况下，通常只在印刷电路板的插头处，及每个通道入口的电源端和地端之间，并联一个 $10 \sim 100\ \mu F$ 和一个 $0.01 \sim 0.1\ \mu F$ 的电容器，前者作低频滤波，后者作高频滤波。

(2) 对于多余输入端的使用，如果是与门或与非门多余输入端，最好不悬空而接电源；如果是或门、或非门，便将多余输入端接地。如果直接接入，或串接 $1 \sim 10\ k\Omega$ 的电阻再接入，前者接法下电源浪涌电压可能会损坏电路，后者接法下分布电容将影响电路的工作速度。

(3) 多余的输出端应悬空，若是接地或接电源将会损坏器件。另外除集电极开路(OC)门和三态(TS)门外，其他电路的输出端不允许并联使用，否则会引起逻辑混乱或损坏器件。

3. 型号命名与识别方法

集成电路的品种型号浩如烟海，难以计数。面对世界上飞跃发展的电子产业，至今国际上对集成电路型号的命名无统一标准，各厂商或公司都按自己的一套命名方法来生产，这给识别集成电路型号带来了极大的困难。下面介绍一种按集成电路型号主要特征来识别集成电路的方法。

纵观集成电路的型号，大体上包含这些内容：公司代号、电路系列或种类代号、电路序号、封装形式代号、温度范围代号和其他一些代号。这些内容均用字母或数字来表示。一般情况下，世界上很多集成电路制造公司是将自己公司名称的缩写字母或者公司的产品代号放在型号的开头，作为公司的标志，表示该公司的集成电路产品。对于此类集成电路，只要知道了该集成电路是哪个国家哪个公司的产品，按相应的集成电路手册去查找即可。

此外，识别集成电路还可用先找出产品公司商标的办法。因为有不少厂商或公司的集成电路型号的开头字母不表示厂商或公司的缩写、代号，而是表示功能、封装或种类等。对于此类集成电路，可以先找到芯片上的商标，确定生产厂商或公司后，再查找相应的手册。根据国家标准 GB 3430—1982，我国的半导体集成电路的型号命名由五部分组成，五个部分的表达方式及内容见表 8-1。

表 8-1　我国半导体集成电路的型号组成

第 0 部分		第 1 部分		第 2 部分		第 3 部分		第 4 部分	
用字母表示器件		用字母表示器件的类型		用阿拉伯数字表示器件的系列代号		用字母表示器件的工作温度范围/℃		用字母表示器件的封装	
符号	意义	符号	意义	符号	意义	符号	意义	符号	意义
C	中国制造	T	TTL		与国际同品种保持一致	C	0～70	W	陶瓷扁平
		H	HTL			E	−40～85	B	塑料扁平
		E	ECL			R	−55～85	F	全密封扁平
		C	CMOS			M	−55～125	D	陶瓷直插
		F	线性放大器					P	塑料瓷直插
		D	音频电视电路					J	黑陶瓷直插
		W	稳压器					K	金属菱形
		J	接口电路					T	金属圆形
		B	非线性电路						
		M	存储器						
		U	微型机电路						

4. 集成电路的封装及引脚识别

1) 集成电路的封装

常用集成电路的封装材料有金属、陶瓷、塑料三种。

(1) 金属封装。

金属封装散热性能好、可靠性高，但安装和使用不方便，成本高。一般高精度集成电路或大功率集成电路均以此形式封装。根据国标规定，金属封装有金属圆形和金属菱形两种。

(2) 陶瓷封装。

陶瓷封装散热性差，但体积小、成本低。陶瓷封装一般分扁平和双列直插两种。

(3) 塑料封装。

塑料封装工艺简单、成本低，但散热性能较差，应用最广，适用于小功率器件。塑料封装分扁平和双列直插两种。

中功率器件有时也采用塑料封装，但为了限制温升，有利散热，通常都在塑料封装的同时加装金属板，以利于固定散热片。

2) 封装外形及引脚识别

封装形式最多的是圆顶形、扁平形及双列直插形。

圆顶形金属壳封装多为 8 脚、10 脚、12 脚。

菱形金属壳封装多为 3 脚、4 脚。

扁平形陶瓷封装多为 14 脚、16 脚。

单列直插式塑料封装多为 9 脚、10 脚、12 脚、14 脚、16 脚。

双列直插式陶瓷封装多为 8 脚、12 脚、14 脚、16 脚、24 脚。

双列直插式塑料封装多为 8 脚、12 脚、14 脚、16 脚、24 脚、42 脚、48 脚。

集成电路的引出脚数目虽然很多,但引出脚的排列顺序具有一定的规律。在使用集成电路时,可按排列规律正确识别集成电路的引出脚。

(1) 圆顶封装的集成电路。

对于圆顶封装的集成电路(一般为圆形和菱形金属外壳封装),在识别引脚时,应先将集成电路的引出脚朝上,找出其定位标记。常见的定位标记有锁口突耳、定位孔及引脚不均匀排列等。引出脚的顺序从定位标记对应的引脚开始,按顺时针方向依次为引脚 1、2、3、4、…,如图 8-2 所示。

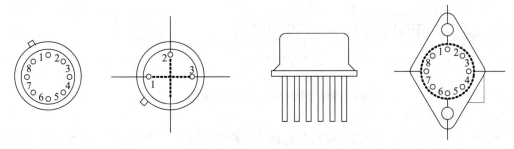

图 8-2 圆顶封装引脚的排列

(2) 单列直插式集成电路。

对于单列直插式集成电路,识别其引脚时应使引脚向下,面对型号或定位标记,自定位标记对应一侧的第一只引脚起,依次为引脚 1、2、3、4、…。此类集成电路上的定位标记一般为色点、凹坑、小孔、线条、色带、缺口等,如图 8-3 所示。

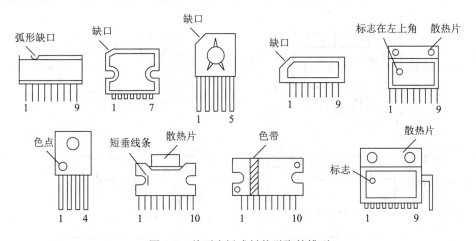

图 8-3 单列直插式封装引脚的排列

有些厂家生产的集成电路,本是同一种芯片,为了便于在印制电路板上灵活安装,其引脚排列顺序对称相反。一种按常规排列,即由左向右,另一种则由右向左,如图 8-4(a)、 (b)所示。对于此类集成电路，若封装上有识别标记，可按上述规律分清其引脚顺序。但也有少数器件上没有引脚识别标记，这时应从其型号上加以区别。若其型号后缀中有一字母R，则表明其引脚顺序为从右向左反向排列。如 M5115P 与 M5115PR、HA1339A 与 HA1339AR、HA1366W 与 HA1366WR 等，每对型号中前者的引脚排列顺序为从左到右正向排列，后者的引脚排列顺序则为由右到左反向排列。

还有个别集成电路的尾部引脚为非等距排列，可以作为标记来识别引脚顺序，如图8-4(c)所示。

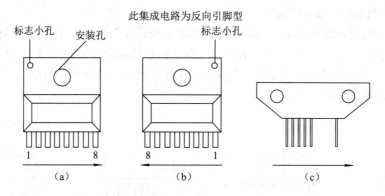

图 8-4　带标志孔的单列直插式封装引脚的排列

(3) 双列直插式集成电路。

对于双列直插式集成电路，识别其引脚时，若引脚向下，即其型号、商标向上，定位标记在左边，则从左下角第一只引脚开始，按逆时针方向，依次为 1、2、3、4、…，如图8-5 所示。若引脚向上，即其型号、商标向下，定位标志位于左边，则应从左上角第一只引脚开始，按顺时针方向，依次为 1、2、3、4、…。另外，也有个别型号的集成电路引脚，在其对应位置上有缺角(即无此输出脚)，对于这种型号的集成电路，其引脚编号顺序不受影响。

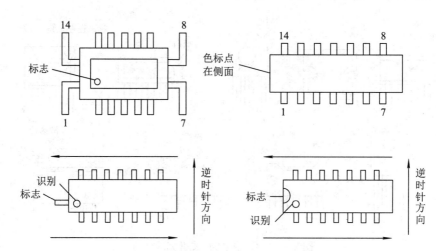

图 8-5　双列直插式封装引脚的排列

对于某些软封装类的集成电路，其引脚直接与印制电路相结合。

对于四列扁平式封装的微处理器集成电路，其引脚排列顺序如图 8-6 所示。

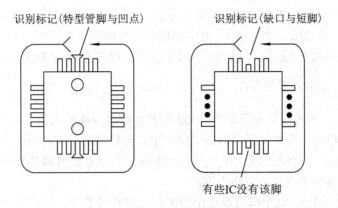

图 8-6　四列扁平式封装引脚排列

8.2　555 集成电路

1. 555 的结构

　　555 集成电路刚开始是作定时器应用的，所以叫作 555 定时器或 555 时基电路。但后来经过开发，它除了可作定时延时控制外，还可用于调光、调温、调压、调速等多种控制及计量检测。此外，还可以组成脉冲振荡、单稳、双稳和脉冲调制等电路，用于交流信号源、电源变换、频率变换、脉冲调制等。由于它工作可靠、使用方便、价格低廉，目前被广泛用于各种电子产品中。555 集成电路内部有几十个元器件，有分压器、比较器、基本RS 触发器、放电管以及缓冲器等，电路比较复杂，是模拟电路和数字电路的混合体，如图 8-7 所示。

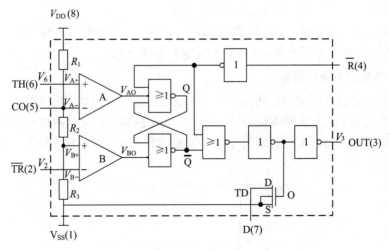

TH(6)—阈值输入端；OUT(3)—输出端；$\overline{TR}$(2)—触发输入端；

$\overline{R}$(4)—清零端；CO(5)—控制电压；D(7)—放电端

图 8-7　555 集成电路的内部结构图

2. 555 的引脚介绍

555 共有 8 个引脚，每个引脚的功能如下：

1 脚(GND)：地线(或共同接地)，通常被连接到电路共同接地点。

2 脚(触发输入端)：这个脚位是触发 NE555 使其启动其时间周期的。触发信号上沿电压须高于 $\frac{2}{3}V_{CC}$，下沿须低于 $\frac{1}{3}V_{CC}$。

3 脚(输出端)：当时间周期开始时，555 的输出脚位会输出比电源电压少 1.7 V 的高电位。周期的结束输出回到 0 V 左右的低电位。于高电位时的最大输出电流大约为 200 mA。

4 脚(清零端)：一个低逻辑电位送至这个脚位时会重置定时器并且使输出回到一个低电位。它通常被接到正电源或忽略不用。

5 脚(控制电压端)：这个脚位准许由外部电压改变触发和闸限电压。当计时器运行在稳定或振荡运作方式下时，这个脚位的输入电压能用来改变或调整输出频率。

6 脚(阈值输入端)：重置锁定电压并使输出呈低电位。当这个脚位的电压从 $\frac{1}{3}V_{CC}$ 以下移至 $\frac{2}{3}V_{CC}$ 以上时启动上述动作。

7 脚(放电端)：这个脚位和主要的输出脚位有相同的电流输出能力，当输出端 3 脚为高电平时 7 脚为低电平，对地为低阻抗；当输出端 3 脚为低电平时 7 脚为高电平，对地为高阻抗。

8 脚(电源)：这是 555 的正电源电压端，供应电压的范围是 4.5 V(最小值)至 16 V(最大值)。

3. 555 的逻辑功能

555 定时器的逻辑功能取决于比较器 A、B 的工作状态。

在没有给 5 脚外加控制电压 V_M 的情况下：

当 $V_6 < V_{A-}$、$V_2 < V_{B+}$ 时，比较器输出 $V_{AO} = 0$、$V_{BO} = 1$，触发器置 1，$\overline{Q} = 0$，TD 断开。将 $V_3 = 1$、7 脚放电端为断开的状态称为 555 定时器的 1 态。

当 $V_6 > V_{A-}$、$V_2 > V_{B+}$ 时，比较器输出 $V_{AO} = 1$、$V_{BO} = 0$，触发器置 0，$\overline{Q} = 1$，TD 导通。将 $V_3 = 0$、7 脚放电端为导通的状态称为 555 定时器的 0 态。

4. 555 组成的施密特触发器

施密特触发器也有两个稳定状态，但与一般触发器不同的是，施密特触发器采用电位触发方式，其状态由输入信号电位维持；对于负向递减和正向递增两种不同变化方向的输入信号，施密特触发器有不同的阈值电压。施密特触发器的回差特性如图 8-8 所示。

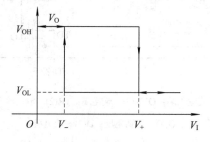

图 8-8　施密特触发器的回差特性

当输入信号 V_I 减小至低于负向阈值 V_- 时，输出电压 V_O 翻转为高电平 V_{OH}；而输入信号 V_I 增大至高于正向阈值 V_+ 时，输出电压 V_O 才翻转为低电平 V_{OL}。这种滞后的电压传输特性称为回差特性，其值 $V_-\sim V_+$ 称为回差电压。

1) 电路组成

将 555 定时器的阈值输入端(6 脚)、触发输入端(2 脚)相连作为输入端 V_i，由 V_o(3 脚)或 V_o' (7 脚)挂接上拉电阻 R_L 及电源 V_{DD} 作为输出端，便构成了如图 8-9 所示的施密特触发器电路。

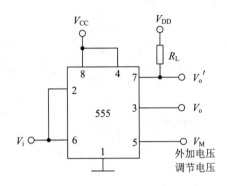

图 8-9　555 定时器构成的施密特触发器

2) 工作原理

如图 8-9 所示，输入信号 V_i，对应的输出信号为 V_o，假设未接控制输入 V_M。

当 $V_i = 0$ V 时，即 V_6(6 脚电压)$< \frac{2}{3} V_{CC}$、V_2(2 脚电压)$< \frac{1}{3} V_{CC}$，此时 $V_o = 1$。以后 V_i 逐渐上升，只要不高于阈值电压($\frac{2}{3} V_{CC}$)，输出 V_o 维持 1 不变。

当 V_i 上升至高于阈值电压($\frac{2}{3} V_{CC}$)时，则 $V_6 > \frac{2}{3} V_{CC}$、$V_2 > \frac{1}{3} V_{CC}$，此时定时器状态翻转为 0，输出 $V_o = 0$，此后 V_i 继续上升，然后下降，只要不低于触发电位($\frac{1}{3} V_{CC}$)，输出维持 0 不变。

当 V_i 继续下降，一旦低于触发电位($\frac{1}{3} V_{CC}$)后，$V_6 < \frac{2}{3} V_{CC}$、$V_2 < \frac{1}{3} V_{CC}$，定时器状态翻转为 1，输出 $V_o = 1$。

总结：未考虑外接控制输入 V_M 时，正负向阈值电压 $V_+ = \frac{2}{3} V_{CC}$、$V_- = \frac{1}{3} V_{CC}$，回差电压 $\Delta V = \frac{1}{3} V_{CC}$。若考虑 V_M，则正负向阈值电压 $V_+ = V_M$、$V_- = \frac{1}{2} V_M$，回差电压 $\Delta V = \frac{1}{2} V_M$。由此，通过调节外加电压 V_M 可改变施密特触发器的回差电压特性，从而改变输出脉冲的宽度。

5. 555 组成的单稳态电路

单稳态触发器只有一个稳定状态，在外加脉冲的作用下，单稳态触发器可以从一个稳定状态翻转到一个暂态，该暂态维持一段时间又回到原来的稳态。

1) 电路组成

如图 8-10 所示，其中 R、C 为单稳态触发器的定时元件，它们的连接点 V_C 与定时器的阈值输入端(6 脚)及输出端(7 脚)相连。单稳态触发器输出脉冲宽度 $t_{po} = 1.1RC$。

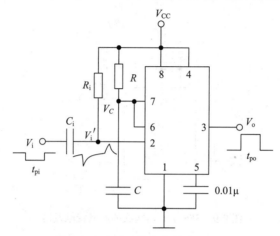

图 8-10　由 555 构成的单稳态电路

R_i、C_i 构成输入回路的微分环节，用以使输入信号 V_i 的负脉冲宽度 t_{pi} 限制在允许的范围内，一般 $t_{pi} > 5R_iC_i$，通过微分环节，可使 V_i' 的尖脉冲宽度小于单稳态触发器的输出脉冲宽度 t_{po}。若输入信号的负脉冲宽度 t_{pi} 本来就小于 t_{po}，则微分环节可省略。

定时器复位输入端(4 脚)接高电平，控制输入端 V_M(5 脚)通过 0.01 μF 接地，定时器输出端 V_o(3 脚)作为单稳态触发器的单稳信号输出端。

2) 工作原理

当输入 V_i 保持高电平时，C_i 相当于断开。输入 V_i' 由于 R_i 的存在而为高电平 V_{CC}。此时：

(1) 若定时器原始状态为 0，则集电极输出(7 脚)导通接地，使电容 C 放电、$V_C=0$，即输入 6 脚的信号低于 $\frac{2}{3}V_{CC}$，此时定时器维持 0 不变。

(2) 若定时器原始状态为 1，则集电极输出(7 脚)对地断开，V_{CC} 经 R 向 C 充电，使 V_C 电位升高，待 V_C 值高于 $\frac{2}{3}V_{CC}$ 时，定时器翻转为 0 态。

总结：单稳态触发器正常工作时，若未加输入负脉冲，即 V_i 保持高电平，则单稳态触发器的输出 V_o 一定是低电平。

单稳态触发器的工作过程分为三个阶段，图 8-11 为其工作波形图。

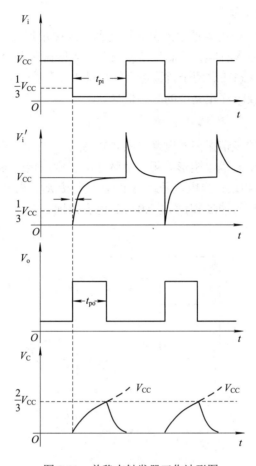

图 8-11 单稳态触发器工作波形图

(1) 触发翻转阶段。

输入负脉冲 V_i 到来时，下降沿经 R_i、C_i 微分环节在 V_i' 端产生下跳负向尖脉冲，其值低于负向阈值 $V_-(\frac{1}{3}V_{CC})$。由于稳态时 V_C 低于正向阈值 $V_+(\frac{2}{3}V_{CC})$，固定时触发器翻转为 1，输出 V_o 为高电平，集电极输出对地断开，此时单稳态触发器进入暂稳状态。

(2) 暂态维持阶段。

由于集电极开路输出端(7 脚)对地断开，V_{CC} 通过 R 向 C 充电，V_C 按指数规律上升并趋向于 V_{CC}。从暂稳态开始到 V_C 值到达正向阈值 $V_+(\frac{2}{3}V_{CC})$ 之前的这段时间就是暂态维持时间 t_{po}。

(3) 返回恢复阶段。

当 C 充电使 V_C 值高于正向阈值 $V_+(\frac{2}{3}V_{CC})$ 时，由于 V_i' 端负向尖脉冲已消失，V_i' 值高于负向阈值 $V_-(\frac{1}{3}V_{CC})$，定时器翻转为 0，输出低电平，集电极输出端(7 脚)对地导通，暂态阶段结束。C 通过 7 脚放电，使 V_C 值低于正向阈值 $V_+(\frac{2}{3}V_{CC})$，使单稳态触发器恢复稳态。

6. 555 组成的多谐振荡器

多谐振荡器是一种能产生矩形波的自激振荡器，也称矩形波发生器。"多谐"指矩形波中除了基波成分外，还含有丰富的高次谐波成分。多谐振荡器没有稳态，只有两个暂稳态。在工作时，电路的状态在这两个暂稳态之间自动地交替变换，由此产生矩形波脉冲信号，常用作脉冲信号源及时序电路中的时钟信号。

1) 电路组成

用 555 定时器构成的多谐振荡器电路如图 8-12 所示。图中电容 C、电阻 R_1 和 R_2 作为振荡器的定时元件，决定着输出矩形波正、负脉冲的宽度。定时器的触发输入端(2 脚)和阈值输入端(6 脚)与电容相连；集电极开路输出端(7 脚)接 R_1、R_2 相连处，用以控制电容 C 的充、放电；外界控制输入端(5 脚)通过 0.01 μF 电容接地。

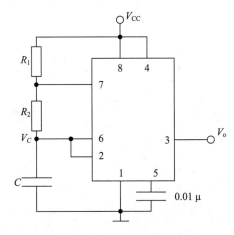

图 8-12　多谐振荡器电路

2) 工作原理

多谐振荡器的工作波形如图 8-13 所示。

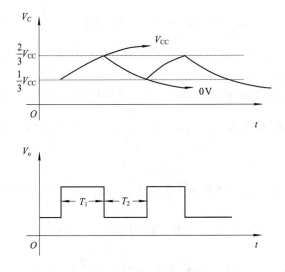

图 8-13　多谐振荡器的工作波形

电路接通电源的瞬间，由于电容 C 来不及充电，$V_C = 0$ V，所以 555 定时器状态为 1，输出 V_o 为高电平。同时，集电极输出端(7 脚)对地断开，电源 V_{CC} 对电容 C 充电，电路进入暂稳态 I，此后，电路周而复始地产生周期性的输出脉冲。多谐振荡器两个暂稳态的维持时间取决于 RC 充、放电回路的参数。暂稳态 I 的维持时间，即输出 V_o 的正向脉冲宽度 $T_1 \approx 0.7(R_1+R_2)C$；暂稳态 II 的维持时间，即输出 V_o 的负向脉冲宽度 $T_2 \approx 0.7R_2C$。

因此，振荡周期 $T = T_1 + T_2 = 0.7(R_1 + 2R_2)C$，振荡频率 $f = 1/T$。正向脉冲宽度 T_1 与振荡周期 T 之比称矩形波的占空比 D，由上述条件可得 $D = (R_1 + R_2)/(R_1 + 2R_2)$，若使 $R_2 >> R_1$，则 $D \approx 1/2$，即输出信号的正负向脉冲宽度相等的矩形波(方波)。

常用的集成芯片见表 8.2。

表 8.2 常用的集成芯片

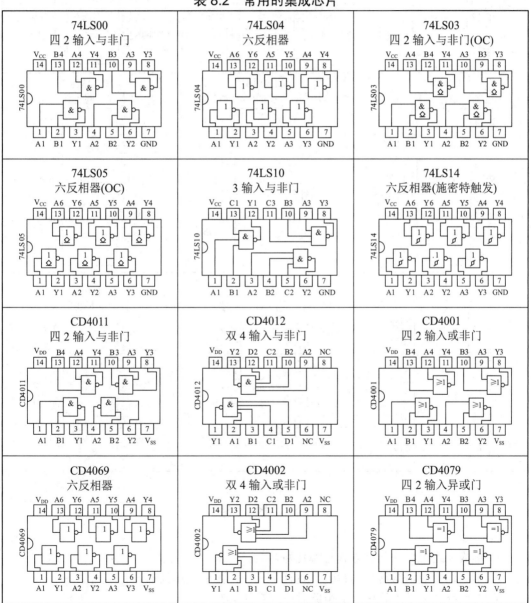

续表

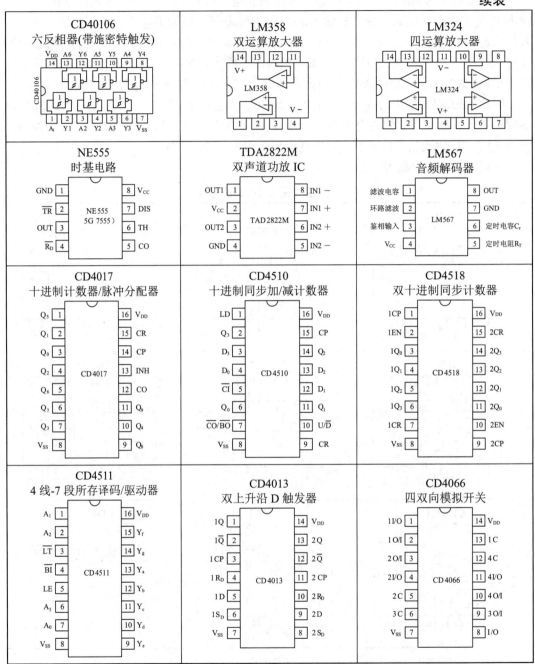

习　题　8

1. 集成电路常见的分类方式有哪几种？
2. 半导体集成电路常见的封装形式有哪几种？其引脚排列形式有哪几种？
3. 在选择与使用半导体集成电路时应注意什么？

电子制作部分

第9章　安　全　用　电

9.1　触电及触电的危险

人体是导体，当人体上加有电压时，就会有电流通过人体，当通过人体的电流很小时，人没有感知；当通过人体的电流稍大，人就会有"麻电"的感觉；当通过人体的电流达到 $8\sim10$ mA 时，人就很难摆脱电压，造成危险的触电事故；当这电流达到 100 mA 时，在很短时间内就会使人窒息、心跳停止。所以当加在人体上的电压大到一定数值时，就会发生触电事故。

通常情况下，不高于 36 V 的电压对人是安全的，称为安全电压。

照明用电的火线与零线之间的电压是 220 V，绝不能同时接触火线与零线。零线是接地的，所以火线与大地之间的电压也是 220 V，一定不能在与大地连通的情况下接触火线。

9.2　几种触电类型

1. 家庭电路中的触电

1) 人误与火线接触

(1) 火线的绝缘皮被破坏，其裸露处直接接触了人体，或接触其他导体而间接接触了人体。

(2) 潮湿的空气导电、不纯的水导电——湿手触开关或浴室触电。

(3) 电器外壳未按要求接地，其内部火线外皮因破损接触了外壳。

(4) 零线与前面接地部分断开以后，与电器连接的原零线部分通过电器与火线连通转化成了火线。

2) 人自以为与大地绝缘却实际与地连通

(1) 人站在绝缘物体上，却用手扶墙或手扶其他接地导体，或站在地上的人扶他。

(2) 人站在木桌、木椅上，而木桌、木椅却因潮湿等原因转化成为导体。

3) 避免家庭电路中触电的注意事项

(1) 开关接在火线上，避免打开开关时使零线与接地点断开。

(2) 安装螺口灯的灯口时，火线接中心、零线接外皮。

(3) 室内电线不要与其他金属导体接触，不在电线上晾衣物、挂物品，电线有老化与破损时，要及时修复。

(4) 电器接地的地方一定要按要求接地。

(5) 不用湿手扳开关，换灯泡，插、拔插头。

(6) 不站在潮湿的桌椅上接触火线。

(7) 接触电线前，先把总电闸关闭，使家庭电路处于断电状态，在不得不带电操作时，要注意与地绝缘，先用测电笔检测接触处是否与火线连通，并尽可能单手操作。

2. 高压触电

高压带电体不但不能接触，而且不能靠近。高压触电有电弧触电和跨步电压触电两种。

1) 电弧触电

人与高压带电体之间的距离近到一定值时，高压带电体与人体之间会发生放电现象，导致人体触电。

2) 跨步电压触电

高压电线落在地面上时，在距高压线不同距离的点之间存在电压。人的两脚间存在足够大的电压时就会发生跨步电压触电。

高压触电的危险比 220 V 电压触电的危险更大，所以看到"高压危险"的标志时，一定不能靠近。室外天线必须远离高压线，不能在高压线附近放风筝、捉蜻蜓、爬电杆等。

3. 雷电触电

在雷雨天气，云团上常带有大量电荷，云团与云团之间或云团与大地之间可发生的强烈的发光、发声、放电现象，也就是闪电和雷。

雷电触电是云团与大地之间发生强烈放电时，通过直接或间接的形式，对人、建筑物、设备造成伤害或损害的现象，即发生了"落地雷"，这时，高大的建筑物、大树、室外天线和行进在空旷地带的人都可能成为放电的路径，造成建筑物、树木被烧毁，人受到"雷击"。

防止雷电触电的方法是：

(1) 高大的建筑物、室外天线等必须正规地安装避雷装置，决不能破坏这些装置。(避雷针通过尖端放电，使电荷不过多积累，避免强烈的放电发生。)

(2) 雨天不能在大树下避雨。

9.3 发生触电事故后的措施

触电者接触带电体时，会引起肌肉痉挛，此时若手握带电导线则会握得很紧，不易解脱。所以救护触电的人时，首先要迅速地将电源断开，使触电者尽快地脱离电源，然后迅速对触电者进行人工急救。

1. 救护人应采取的断电方法及注意事项

(1) 立即断开近处的电源开关，或拔去电源插头。

(2) 如近处没有开关，则必须设法使触电者迅速与带电体分开，可用相应等级的绝缘工具，如有干燥木柄的刀、斧、绝缘钳等迅速切断电源导线。或用干燥的衣服、手套、绳索、木板、木棒、竹竿等绝缘物拉开触电者或挑开电源导线。

(3) 不论是剪断、切断或挑开导线，都要注意防止断开和挑开的导线触及其他人或滑到自己身上，再次造成触电事故。

(4) 救护人不可直接用手或潮湿的物体、金属物体作为救护工具。救护人最好用一只手操作，并站在干燥的木板或其他绝缘物体上，以防自己触电。

(5) 如事故发生在夜间，应迅速解决照明问题，以利于救护和避免事故扩大。

(6) 如触电者在高处，应采取预防跌伤措施，防止触电者脱离电源后造成摔伤。

2. 人工急救方法

(1) 解开妨碍触电者呼吸的紧身衣服。

(2) 检查触电者的口腔，清理口腔的黏液，如有假牙，则取下。

(3) 立即就地进行抢救，如果触电者呼吸停止，可采用口对口人工呼吸法抢救，若心脏停止跳动或不规则颤动，可进行人工胸外挤压法抢救，决不能无故中断。

如果现场除救护者之外还有第二人在场，则还应立即进行以下工作：

(1) 提供急救用的工具和设备。

(2) 劝退现场闲杂人员。

(3) 保证现场有足够的照明并且保持空气流通。

(4) 向领导报告，并请医生前来抢救。

实验研究和统计表明，如果从触电后 1 分钟开始救治，则有 90%的机率可以救活触电者；如果从触电后 6 分钟开始抢救，则仅有 10%的救活机会；而从触电后 12 分钟开始抢救，则救活的可能性极小。因此当发现有人触电时，应争分夺秒，采用一切可能的办法进行救治。

9.4　安全用电常识

安全用电常识如下：

(1) 每个家庭必须具备一些必要的电工器具，如验电笔、螺丝刀、胶钳等，还必须具备适合家用电器使用的各种规格的保险丝。

(2) 每户家用电表前必须装有总保险，电表后应装有总刀闸和漏电保护开关。

(3) 任何情况下严禁用铜、铁丝代替保险丝。保险丝的大小一定要与用电容量匹配。更换保险丝时要拔下瓷盒盖更换，不得直接在瓷盒内搭接保险丝，不得在带电情况下(未拉开刀闸)更换保险丝。

(4) 烧断保险丝或漏电开关动作后，必须查明原因后才能再次合上开关电源。任何情况下不得用导线将保险短接或者压住漏电开关跳闸机构强行送电。

(5) 购买家用电器时应认真查看产品说明书的技术参数(如频率、电压等)是否符合本地用电要求。要清楚耗电功率和家庭已有的供电能力是否满足要求，特别是配线容量、插头、插座、保险丝具、电表是否满足要求。

(6) 当家用配电设备不能满足家用电器容量要求时，应予更换改造，严禁凑合使用，因为超负荷运行会损坏电气设备，还可能引起电气火灾。

(7) 购买家用电器时还应了解其绝缘性能：是一般绝缘、加强绝缘还是双重绝缘。如果是靠接地作漏电保护的，则接地线必不可少。即使是加强绝缘或双重绝缘的电气设备，作保护接地或保护接零亦有好处。

(8) 对于带有电动机类的家用电器(如电风扇等)，还应了解其耐热水平，看其是否能够长时间连续运行。还要注意家用电器的散热条件。

(9) 安装家用电器前应查看产品说明书对安装环境的要求，特别注意在可能的条件下，不要把家用电器安装在湿热、灰尘多或有易燃、易爆、腐蚀性气体的环境中。

(10) 在敷设室内配线时，相线、零线应标志明晰，并与家用电器接线保持一致，不得互相接错。

(11) 家用电器与电源连接，必须采用可开断的开关或插接头，禁止将导线直接插入插座孔。

(12) 凡要求有保护接地或保护接零的家用电器，都应采用三脚插头和三眼插座，不得用双脚插头和双眼插座代替，以免造成接地(或接零)线空挡。

(13) 家庭配线中间最好没有接头。必须有接头时应接触牢固并用绝缘胶布缠绕，或者用瓷接线盒。禁止用医用胶布代替电工胶布包扎接头。

(14) 导线与开关、刀闸、保险盒、灯头等的连接应牢固可靠，接触良好。多胶软铜线接头应拢绞合后再放到接头螺丝垫片下，防止细股线散开碰到另一接头上造成短路。

(15) 家庭配线不得直接敷设在易燃的建筑材料上面，如需在木料上布线，则必须使用瓷珠或瓷夹子；穿越木板必须使用瓷套管。不得使用易燃塑料和其他的易燃材料作为装饰用料。

(16) 接地线或接零线虽然正常时不带电，但断线后如遇漏电会使电器外壳带电。如遇短路，接地线亦会通过大电流。为了安全起见，接地(接零)线规格应不小于相导线，在其上不得装开关或保险丝，也不得有接头。

(17) 接地线不得接在自来水管上(因为现在自来水管接头堵漏用的都是绝缘带，没有接地效果)；不得接在煤气管上(以防电火花引起煤气爆炸)；不得接在电话线的地线上(以防强电窜弱电)；也不得接在避雷线的引下线上(以防雷电时反击)。

(18) 所有的开关、刀闸、保险盒都必须有盖。胶木盖板老化、残缺不全者必须更换；脏污受潮者必须停电擦抹干净后才能使用。

(19) 电源线不要拖放在地面上，以防电源线绊人，并防止损坏绝缘。

(20) 家用电器试用前应对照说明书，将所有开关、按钮都置于原始停机位置，然后按说明书要求的开停操作顺序操作。如果有运动部件如摇头风扇，应事先考虑足够的运动空间。

(21) 家用电器通电后发现冒火花、冒烟或有烧焦味等异常情况时，应立即停机并切断电源，进行检查。

(22) 移动家用电器时一定要切断电源，以防触电。

(23) 发热电器必须远离易燃物料。电炉子、取暖炉、电熨斗等发热电器不得直接搁在木板上，以免引起火灾。

(24) 禁止用湿手接触带电的开关；禁止用湿手拔、插电源插头；拔、插电源插头时手指不得接触触头的金属部分；也不能用湿手更换电气元件或灯泡。

(25) 对于经常手拿使用的家用电器(如电吹风、电烙铁等),切忌将电线缠绕在手上使用。

(26) 对于接触人体的家用电器,如电热毯、电油帽、电热足鞋等,使用前应通电试验检查,确认无漏电后才能接触人体。

(27) 禁止用拖导线的方法来移动家用电器;禁止用拖导线的方法来拔插头。

(28) 使用家用电器时,应先插上不带电侧的插座,最后再合上刀闸或插上带电侧插座;停用家用电器则相反,应先拉开带电侧刀闸或拔出带电侧插座,然后再拔出不带电侧的插座(如果需要拔出的话)。

(29) 紧急情况需要切断电源导线时,必须用绝缘电工钳或带绝缘手柄的刀具。

(30) 抢救触电人员时,首先要断开电源,或用木板、绝缘杆挑开电源线,千万不要用手直接拖拉触电人员,以免连环触电。

(31) 家用电器除电冰箱这类电器外,都要随手关掉电源,特别是电热类电器,要防止长时间发热造成火灾。

(32) 严禁使用床开关。除电热毯外,不要把带电的电气设备引上床,靠近睡眠的人体。即使使用电热毯,如果没有必要整夜通电保暖,也建议发热后断电使用,以保证安全。

(33) 家用电器烧焦、冒烟、着火时,必须立即断开电源,切不可用水或泡沫灭火器浇喷。

(34) 室内配线和电气设备要定期进行绝缘检查,发现破损时要及时用电工胶布包缠。

(35) 在雨季前或长时间不用又重新使用的家用电器,用 500 V 摇表测量其绝缘电阻应不低于 1 MΩ,方可认为绝缘良好,可正常使用。如无摇表,至少也应用验电笔经常检查有无漏电现象。

(36) 对于经常使用的家用电器,应保持其干燥和清洁,不要用汽油、酒精、肥皂水、去污粉等带腐蚀或导电的液体擦抹家用电器表面。

(37) 家用电器损坏后要请专业人员或送修理店修理,严禁非专业人员在带电情况下打开家用电器外壳。

9.5　房屋装修中电气装修注意事项

房屋装修中电气装修注意事项如下:

(1) 装修所使用的电气材料必须是符合国家标准的合格产品,如电线、开关、插座、漏电开关、灯具等等。应选择具有进网作业许可证的电工进行电气装修。

(2) 住宅的进线处,一定要加装带有符合国家现行标准的试验合格的漏电保护装置。因为有了漏电开关,一旦家中发生漏电现象,如电器外壳带电,人身触电等,漏电开关会迅速跳闸,从而增加了安全性。

(3) 插座安装高度一般距离地面高度 1.3 m,最低不应低于 0.15 m。插座接线时,对于单相二孔插座,应对插座的左孔接零线,右孔接相(火)线,上孔接保护线。严禁上孔与左孔用导线相连。

(4) 室内布线时,应将插座回路和照明回路分开布线。

(5) 室内导线要求为铜芯线,总线截面不小于 6 mm^2,插座回路应采用截面不小于

2.5 mm² 的单股绝缘铜线；照明回路应采用截面不小于 1.5 mm² 的单股绝缘铜线。

(6) 大容量电器应按设备容量配置相应的独立大容量插座和线路。

(7) 照明灯安装高度不低于 1.8 m。

(8) 壁式开关安装高度一般距离地面高度不低于 1.3 m，距门框 0.15～0.2 m。开关的接线应接在被控制的灯具或电器的相(火)线上。

(9) 具体布线的施工工艺应注意采用的塑料护套线或其他绝缘导线，应有穿管保护，不得直接埋设在水泥或石灰粉刷层内。因为直接埋在墙体内的导线，已"死"在墙内，抽不出、拔不动，一旦某线路发生损坏需要调换，只能凿开墙面重新布线。另外，如果在墙上钉钉子，就有可能将直接埋在墙内的导线损坏，甚至会造成钉子钉穿了导线造成短路，触电伤人以至引发火灾或触电伤亡事故，所以，一定要注意穿管埋设。

习 题 9

1. 常见的触电情况有哪几种？
2. 发现触电事故后应做些什么？救护时应注意什么？

第 10 章　电子工程识图

10.1　电子工程图概述

电子工程图是用图形符号表示电子元器件，用连线表示导线所形成的一个具有特定功能或用途的电子电路原理图。包含电路组成、元器件型号参数、具备的功能和性能指标等。

1. 电子工程图的基本要求

根据国家标准 GB/T 4728.1—13《电气简图用图形符号》的规定，在研制电路、设计产品、绘制电子工程图时要注意元器件图形、符号等要符合规范要求，使用国家规定的标准图形、符号、标志及代号。同时还应具备读懂一些已约定的非国标内容和国外资料的能力。

2. 电子工程图的特点

电子工程图主要描述元器件、部件和各部分电路之间的电气连接及相互关系，应力求简化。随着集成电路以及微组装混合电路等技术的发展，传统的象形符号已不足以表达其结构与功能，象征符号被大量采用。而许多新元件、器件和组件的出现，又会用到新的名词、符号和代号。因此要及时掌握新器件的符号表示和性能特点。

10.2　电子工程图的图形符号及说明

1. 常用图形符号

电子工程图中常用的电气图形符号见表 10-1。

表 10-1　常用的电气图形符号

 固定电阻器	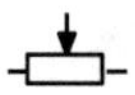 电位器	 光敏电阻器	 热敏电阻	电容器一般符号
极性电容器	可变电容器	 穿心电容器	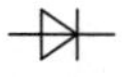 二极管	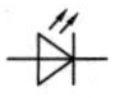 发光二极管

续表一

光敏二极管	稳压二极管	变容二极管	隧道二极管	桥式整流二极管
整流桥堆	NPN 三极管	PNP 三极管	光敏三极管	NPN 型达林顿管
PNP 型达林顿管	N 沟道基极单结管	P 沟道基极单结管	N 沟道结型场效应管	P 沟道结型场效应管
双向触发二极管	单向晶闸管	双向晶闸管	电感线圈绕组	可调电感线圈
保险管	麦克风	氖管	白炽灯	晶体振荡器
电池组	天线	电动机	扬声器	电铃
蜂鸣器	电源插座	电源插头	接线排	可拆卸接线端子
接线端子	插头和插座	与非门	或非门	非门
非门(带施密特整形)	运算放大器	双向模拟开关	稳压集成电路(7809)	集成电路(NE555)
音乐片(KD9300)	光电耦合器	数码管(共阴)	LED 点阵	变压器

续表二

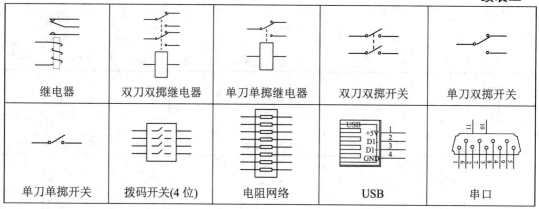

继电器	双刀双掷继电器	单刀单掷继电器	双刀双掷开关	单刀双掷开关
单刀单掷开关	拨码开关(4位)	电阻网络	USB	串口

2. 有关符号的规定

在电子工程图中，符号所在的位置、线条的粗细、符号的大小以及符号之间的连线画成直线或斜线并不影响其含义，但与表示符号本身的直线和斜线不能混淆。

在元器件符号的端点加上"○"不影响符号原义，但在逻辑电路的元件中，"○"另有含义。在开关元件中，"○"表示接点。

3. 元器件代号

在电路中，代表各种元器件的图形符号旁边，一般都标志文字符号，用一个或几个字母表示元件的类型，这是该元器件的标志说明。同样，在计算机辅助设计电路软件中，也用文字符号标注元器件的名称。常见元器件的文字符号见表 10-2。

在表 10-2 中，第一组字母是常用的代号。在同一电路图中，不应出现同一元器件使用不同代号，或者一个代号表示一种以上元器件的现象。

表 10-2　部分元器件文字符号

名　称	代　号	名　称	代　号
电阻器	R	开关	S、K
电阻网络	R_N	插头	T、CT
电位器	R_P	插座	CZ、J、Z
电容器	C	继电器	K、J
二极管	VD	传感器	MT
三极管	V、VT	线圈	L
集成电路	U、IC、JC	接线柱	JX
运算放大器	A、OP	指示灯	ZD
晶闸管	SCR、Q	按钮	SB、AN
变压器	T	互感器	H
晶体振荡器	Y、XTAL、SJT	天线	ANT、E、TX
光电管、光电池	V	保险丝	FU、BX、RD

4. 下脚标码

(1) 同一电路图中，下脚标码表示同种元器件的序号，如 R_1、R_2、…，BG_1、BG_2、…。

(2) 电路由若干单元组成，可以在元器件名的前面缀以标号，表示单元电路的序号。例如有两个单元电路：

$1R_1$、$1R_2$、…，$1BG_1$、$1BG_2$、…，表示单元电路 1 中的元器件；

$2R_1$、$2R_2$、…，$2BG_1$、$2BG_2$、…，表示单元电路 2 中的元器件。

或者，对上述元器件采用 3 位标码表示它的序号以及所在的单元电路，例如：

R_{101}、R_{102}、…，BG_{101}、BG_{102}、…，表示单元电路 1 中的元器件；

R_{201}、R_{202}、…，BG_{201}、BG_{202}、…，表示单元电路 2 中的元器件。

(3) 下脚标码字号小一些的标注方法，如 $1R_1$、$1R_2$、…，常见于电路原理性分析的书刊，但在工程图里这样的标注不好，一般采用下脚标码平排的形式，如 1R1、1R2、…或 R101、R102、…。

(4) 一个元器件有几个功能独立单元时，标码后面应加附码，如 K1-a、K1-b、K1-c 等。

5. 电子工程图中的元器件标注

在一般情况下，用于生产的电子工程图，通常不把元器件的参数直接标注出来，而是另附文件详细说明；但在说明性的电路图纸中，则要求在元器件的图形符号旁标注规格参数、型号或电气性能。标注时小数点用一个字母代替，字符串的长度不超过 4 位。对于常用的阻容元件，标注时一般省略其基本单位，采用实用单位或辅助单位。对于有工作电压要求的电容器，文字标注采取分数的形式，横线上面按上述格式表示电容量，横线下面用数字标出电容器所要求的额定工作电压。如图 10-1 所示的 C 的标注是 $\dfrac{3\text{m}3}{160}$，表示电容量为 3300 μF、额定工作电压为 160 V 的电解电容器。

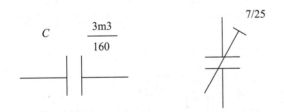

图 10-1　元器件标注示例

图 10-1 中微调电容器 7/25 虽然未标出单位，但按照一般规律这种电容器的容量都很小，单位是 pF。图中相同元器件较多时也可加附加说明。如某电路中有 100 只电容，其中 90 只以 pF 为单位的，则可将该单位省去，在图上附加附注"所有未标电容均以 pF 为单位"。

10.3　电子工程图的种类介绍

电子工程图可分为原理图和工艺图两大类，见表 10-3。

表 10-3　电子工程图的种类介绍

原理图	功能图	方框图
		电原理图
	电气原理图	
	逻辑图	
	说明书	
	明细表	整件汇总表
		元件材料表
工艺图	印制板图	
	装配图	印制板装配图
		实物装配图
		安装工艺图
	布线图	接线图
		接线表
	机壳底板图	
	面板图	机械加工图
		制版图

1. 方框图

方框图是一种使用广泛的说明性图形，是用简单的方框表示系统或分系统的基本组成、相互关系及其主要特征的，它们之间的连线表示信号通过电路的途径或电路的动作顺序，简单明确、一目了然。图 10-2 所示的是 LM358 电子开关方框图。

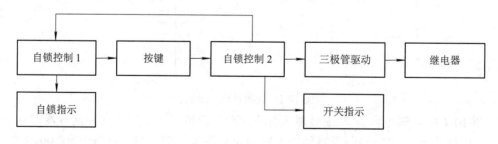

图 10-2　LM358 电子开关方框图

2. 电原理图

图 10-3 所示的电原理图用来表示设备的电气工作原理，是采用国家标准规定的电气图形符号并按功能布局绘制的一种工程图，主要用途是详细表示电路、设备或成套装置的全部基本组成和连接关系，也称电路原理图。在原理图中不必画出如紧固元件、支架等辅助元件。电原理图是编制接线图，用于测试和分析寻找故障的依据。有时在比较复杂的电路中，常采取公认的省略方法简化图形，使画图、识图方便。

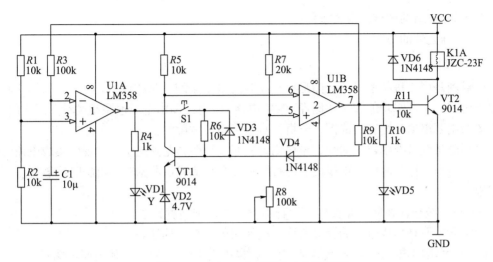

图 10-3　LM358 电子开关电路原理图

绘制电原理图时，要注意做到布局均匀、条理清楚。如电信号要采用从左到右、自上而下的顺序，即输入端在图纸的左上方，输出端在图纸的右下方。需要把复杂电路分割成单元电路进行绘制时，应标明各单元电路信号的来龙去脉，并遵循从左到右、自上而下的顺序。同时设计人员根据图纸的使用范围和目的需要，可以在电原理图中附加说明，如导线的规格和颜色，主要元器件的立体接线图，元器件的额定功率、电压、电流等参数，测试点上的波形，特殊元器件的说明等。

1）绘制电原理图中的连线时应遵循的原则

(1) 连线要尽可能画成水平或垂直的，斜线不代表新的含义。

(2) 相互平行线条的间距不要小于 1.6 mm；较长的连线应按功能分组画出，线间应留出 2 倍的线间距离。

(3) 一般不要从一点上引出多于三根的连线。

(4) 线条粗细如果没有说明，不代表电路连接的变化。

(5) 连线可以任意延长或缩短。

2）绘制电路图时要注意做到布局均匀、条理清楚

(1) 在正常情况下，采用电信号从左到右、自上而下的顺序，即输入端在图纸的左上方，输出端在右下方。

(2) 每个图形符号的位置，应该能够体现电路工作时各元器件的作用顺序。

(3) 把复杂电路分割成单元电路进行绘制时，应该标明各单元电路信号的来龙去脉，并遵循从左至右、自上而下的顺序。

(4) 串联的元件最好画到一条直线上；并联时，各元件符号的中心最好对齐。

(5) 根据图纸的使用范围及目的需要，设计者可以在电路图中附加以下并非必需的内容：

① 导线的规格和颜色；

② 某些元器件的外形和立体接线图；

③ 某些元器件的额定功率、电压、电流等参数；

④ 某些电路测试点上的静态工作电压和波形；

⑤ 部分电路的调试或安装条件；

⑥ 特殊元件的说明。

3. 逻辑图

逻辑图是用二进制逻辑单元图形符号绘制的数字系统产品的逻辑功能图，采用逻辑符号来表达产品的逻辑功能和工作原理。数字电路中，电路图由电原理图和逻辑图混合组成。逻辑图的主要用途是编制接线图、分析检查电路单元故障。

绘制逻辑图时要求层次清楚、布局均匀、便于识图。尤其是中、大规模集成电路组成的逻辑图，图形符号简单而连线很多，布局不当容易造成识图困难。绘制时应遵循以下基本规则：

(1) 符号统一。在同一张图内，同种电路不得出现两种符号。应当尽量采用符合国家标准的符号，而且集成电路的管脚名称一般保留外文字母标注。

(2) 信号流的出入顺序，一般要从左到右、自下而上(这一点与其他电原理图有所不同)。凡有与此不符者，要用箭头标示出来。

(3) 连线要成组排列。逻辑图中很多连线的规律性很强，应该将功能相同或关联的线排在一组，并与其他线保持适当距离，如计算机电路中的地址线、数据线等。

(4) 对于集成电路，管脚名称和管脚标号一般要标出。也可用另一张图详细表示该芯片的管脚排列及其功能。而对于多只相同的集成电路，标注其中一只即可。绘制逻辑图的简化方法是：在同组的连线里，只画第一条线和最后一条线，把中间信号的线省略掉；对规律性很强的连线，在两端写上名称而省略中间线段；对于成组排列的连线，在电路两端画出多根连线，而在中间则用一根线代替一组线，也可以在表示一组线的单线上标出组内的线数。

4. 接线图和接线表

接线图(表)是用来表示电子产品中各个项目(元器件、组件、设备等)之间的连接以及相对位置的一种工程工艺图，是在电路图和逻辑图基础上绘制的，是整机装配的主要依据。如图 10-4、图 10-5 所示。根据表达对象和用途不同，接线图(表)分为单元接线图(表)、互连接线图(表)、端子接线图(表)和电缆配制图(表)等。下面以单元接线图(表)为例简单介绍。

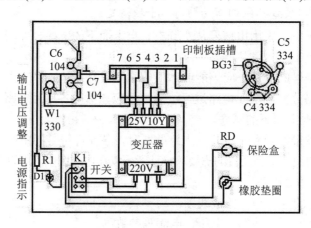

图 10-4　直连型接线图

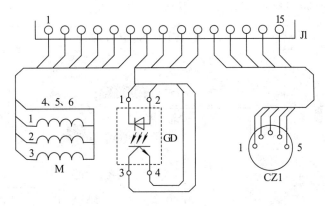

图 10-5　简化接线图

1) 单元接线图

单元接线图只提供单元内部的连接信息，通常不包括外部信息，但可注明相互连接线图的图号，以便查阅。绘制单元接线图时应遵循以下原则：

(1) 按照单元内各项目的相对位置布置图形或图形符号。

(2) 选择最能清晰地显示各个项目的端子和布线的面来绘制视图。对多面布线的单元，可用多个视图来表示。只需画出视图轮廓，但要标注端子号码。

(3) 当端子重叠时，可用翻转、旋转和位移等方法来绘制，但图中要加注释。

(4) 在每根导线两端要标出相同的导线号。

2) 单元接线表

单元接线表是将各零部件标以代号或序号，再编出它们接线端子的序号，把编好号码的线依次填在接线表表格中，其作用与上述的接线图相同。这种方法在大批量生产中使用较多。

5. 印制电路板装配图

印制电路板装配图如图 10-6 所示，它是表示各种元器件和结构件等与印制板连接关系的图样，用于指导工人装配、焊接印制电路板。现在都使用 CAD 软件设计印制电路板，设计结果通过打印机或绘图仪输出。设计电路板装配图时应注意以下几点：

(1) 要考虑看图方便，根据元器件的结构特点，选用恰当的表示方式，力求绘制简便。

(2) 元器件可以用标准图形符号，也可以用实物示意图，还可以混合使用，但要能表现清楚元器件的外形轮廓和装配位置。

(3) 有极性的元器件要按照实际排列标出极性和安装方向。如电解电容器、晶体管和集成电路等元器件，表示极性和安装方向标志的半圆平面或色环不能弄错。

(4) 要有必要的外形尺寸、安装尺寸和其他产品的连接位置，且要有必要的技术说明。

(5) 重复出现的单元图形，可以只绘出一个单元，其余单元可以简化绘制，但是必须用细实线画出各单元的极限位置，并标出单元顺序号，如数码管等。

(6) 一般在每个元器件上都标出代号，其代号应和电路图和逻辑图保持一致。代号的位置标注在该元器件图形符号或外形的左方或上方。

(7) 可见跨接线用粗实线绘制，不可见的用虚线绘制。

(8) 当印制板两面均装元器件时，一般要画两个视图。

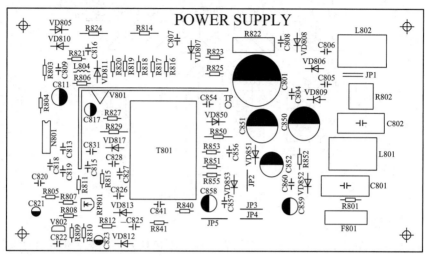

图 10-6　印制电路板装配图

在上述 5 种工程图中，方框图、电原理图和逻辑图主要表明工作原理，而接线图(表)(也称布线图)、印制电路板装配图主要表明工艺内容。除此之外，还有与产品设计相关的功能表图、机壳图、底板图、面板图、元器件明细表和说明书等。

6. 实物装配图

实物装配图是工艺图中最简单的图，它以实际元器件的形状及其相对位置为基础，画出产品的装配关系。这种图一般只用于教学说明或指导初学者制作入门。但与此同类性质的局部实物图，在产品生产装配中仍有使用。

10.4　电子工程图的识图方法

识图就是对电路进行分析，识图能力体现了对知识的综合应用能力。通过识图，不仅可以开阔视野，提高评价电路性能的能力，而且可以为电子电路的应用提供有益的帮助。

在分析电子电路时，首先将整个电路分成具有独立功能的几个部分，进而弄清每一部分电路的工作原理和主要功能，然后分析各部分电路之间的联系，从而得出整个电路所具有的功能和性能特点，必要时进行定量估算。为了得到更细致的分析，还可借助各种电子电路计算机辅助分析和设计软件。以下是识图的具体步骤。

1. 了解用途，找出通路

了解所识电路用于何处及所起作用是识图中非常重要的一步，对于分析整个电路的工作原理和各部分功能及性能指标均具有指导意义。可根据其使用场合大概了解其主要功能和性能指标，然后在原理图上依据信号的流向找出通路。

2. 对照单元，各个击破

沿着信号的主要通路，以有源器件为中心，对照单元电路或功能电路，将所识电路分解为若干具有独立功能的部分，再按照功能模块各个独立分析。如稳压电源一般均有调整管、基准电压电路、输出电压取样电路、比较放大电路和保护电路等部分；正弦波振荡电路一般均有放大电路、选频网络、正反馈网络和稳幅环节等部分。

3. 沿着通路，画出框图

沿着信号的流向，首先将每部分电路用框图表示，并用合适的方式(文字、表达式、曲线、波形)扼要表示其功能；然后根据各部分的联系将框图连接起来，得到整个电路的方框图，由方框图分析各部分电路的相互配合、电路的整体功能和性能特点。

4. 估算指标，分析(逻辑)功能

选择合适的方法分析每部分电路的工作原理和主要功能，这不但要能够识别电路的类型，如放大电路、运算电路、电压比较器、组合逻辑电路、时序逻辑电路等，而且要能够定性分析电路的性能特点，如放大能力的强弱、输入和输出电阻的大小、振荡频率的高低、输出量的稳定性、电路所实现的逻辑功能等。如有必要还可对各部分电路进行定量估算，通过估算了解影响电路性能变化的因素，得到整个电路的性能指标，为调整、维修和改进电路打下基础。在识图时，应首先分析电路主要组成部分的功能和性能，必要时再对次要部分做进一步分析。

习　题　10

1. 画出电阻、电容、LED 的图形符号。
2. 电阻、电容、二极管、三极管常用什么文字符号表示？
3. 用铅笔规范地画出图 10-3。

第11章 常用电子装配工具与材料的使用

11.1 常用装配工具

1. 螺丝刀

螺丝刀又叫螺丝起子或改锥，是一种最常见的手工工具，螺丝刀是以旋转方式将螺丝固定或取出的工具，其手柄通常用塑料制成，绝缘良好。螺丝刀主要有一字和十字两种。螺丝刀又区分为传统螺丝刀和棘轮螺丝刀。传统螺丝刀是由一个塑胶手柄外加一个螺丝刀头组成，而棘轮螺丝刀则是由一个塑胶手柄外加一个棘轮机构组成。后者让螺丝刀头可以顺时针或逆时针空转，借由空转的机能提高上螺丝的效率，而不需逐次将动力驱动器(手)转回原本的位置。注意要根据螺钉尺寸合理选用。

下面是电子装配中常用的螺丝刀。

1) 普通螺丝刀

普通螺丝刀就是螺丝刀头和手柄在一起的螺丝刀，容易准备，只要拿出来就可以使用，但由于有很多种不同长度和粗度的螺丝，因此有时需要准备很多不同的螺丝刀。普通螺丝刀实物图如图 11-1 所示。

图 11-1　普通螺丝刀实物图

普通螺丝刀通常还有以下几种类型或特点：

(1) 有些螺丝刀旋杆的端部(改锥头)经过磁化处理，可以利用其磁性吸附小螺丝钉，便于装配操作。

(2) 无感螺丝刀是用非磁性材料做成的螺丝刀，用来调整高频空心线圈的电感量和中周磁芯，因为它无磁性，所以调节完成后移走螺丝刀不会影响线圈的电感量。

(3) 带试电笔的螺丝刀可以用来指示工作对象是否带电，还能用来旋转螺钉。

2) 组合型螺丝刀

组合型螺丝刀是一种把螺丝刀头和柄分开的螺丝刀，要安装不同类型的螺丝时，只需更换螺丝刀头就可以，不需要备用大量不同规格的螺丝刀，可以节省空间。组合型螺丝刀实物图如图 11-2 所示。

图 11-2　组合型螺丝刀实物图

3) 电动螺丝刀

电动螺丝刀，顾名思义就是以电机驱动的螺丝刀，这种螺丝刀通常是组合螺丝刀，其实物图如图 11-3 所示。

图 11-3　电动螺丝刀实物图

2. 钳子

钳子是一种用来夹紧、握牢物体或夹断某种东西的器具。钳子一般用碳素结构钢制造，先锻压轧制成钳胚形状，然后经过磨铣、抛光等金属切削加工，最后进行热处理。钳子的手柄依握持形式而设计成直柄、弯柄和弓柄 3 种式样。钳子使用时常与电线之类的带电导体接触，故其手柄上一般都套有以聚氯乙烯等绝缘材料制成的护管，以确保操作者的安全。

钳嘴的形式有很多，常见的有尖嘴、平嘴、扁嘴、圆嘴、弯嘴等样式，可适应对不同形状工件的作业需要。按其主要功能和使用性质，钳子可分为夹持式钳子、斜口钳、尖嘴钳、钢丝钳、剥线钳、管子钳等。下面简要介绍几种常用的钳子。

1) 斜口钳

斜口钳用于剪断细导线或修剪焊接处多余的线头(比如元件引脚以及其他在装配中使用的塑料绑线等)，其实物图如图 11-4 所示。

图 11-4　斜口钳实物图

2) 尖嘴钳

尖嘴钳的头部尖细，主要用来处理小零件，例如导线打圈、夹小零件，也可用于电路焊接时弯折、加工细导线和夹持元器件的引线等。尖嘴钳适合在其他工具难于到达的部位进行操作，其实物图如图 11-5 所示。

图 11-5　尖嘴钳实物图

3) 剥线钳

剥线钳用于剥去导线的绝缘层。使用时，注意将需要剥皮的导线放入合适的槽口，切勿使刀口剪伤内部的金属芯线。剥线钳剪口的槽并拢以后应为圆形，其实物图如图 11-6 所示。

图 11-6　剥线钳实物图

3. 镊子

镊子用于夹取小元件、小松香块等小物品。在焊接过程中，镊子可用于夹持导线和元器件使它们固定不动，在焊接怕热的元器件时用镊子夹住元器件的引线，还能起到帮助元器件散热的作用。头部较宽的医用镊子可夹持较大的物体，而头部尖细的普通镊子，适用夹持细小物体。镊子实物图如图 11-7 所示。

图 11-7　镊子实物图

4. 其他工具

在电子整机装配过程中使用的工具除了上面所述的工具以外，还有一些其他工具，如组合扳手、六角组合扳手、同轴电缆剥线器等。这些工具在电子设备检修中也经常用到，灵活使用这些工具可以大大提高工作效率，改善装配工艺水平。这些工具的实物图如图11-8 所示。

组合扳手　　　　　　　　　六角组合扳手　　　　　　　　同轴电缆剥线器

图 11-8　其他工具实物图

11.2　常用的焊接工具

随着焊接技术的需要和不断发展，电烙铁的种类不断增加，从结构上可分为内热式和外热式两种。从功率上分，有 20 W、25 W、35 W、45 W、75 W、100 W 以至 500 W 等多种规格。根据电烙铁的功能又可分为恒温式、调温式、双温式、带吸锡功能式及无绳式等多种类型。下面简单介绍几种常见的电烙铁。

1. 外热式电烙铁

外热式电烙铁由烙铁头、烙铁芯、外壳、塑料柄、电源引线、插头等部分组成，其外形如图 11-9 所示。由于其烙铁头安装在烙铁芯里面，故称为外热式电烙铁。外热式电烙铁的烙铁芯套在烙铁头外，体积比较大，热效率低，通电以后烙铁头化锡时间长达几分钟。

图 11-9　外热式电烙铁实物图

2. 内热式电烙铁

内热式电烙铁由手柄、连接杆、弹簧夹、烙铁芯、烙铁头组成，其外形如图 11-10 所示。由于其烙铁芯安装在烙铁头内部，因此，称为内热式电烙铁。内热式电烙铁具有升温快、重量轻、耗电省、体积小、热效率高的特点。一般通电 1、2 分钟即可进行焊接。

图 11-10　内热式电烙铁实物图

3. 恒温电烙铁

普通的内热式和外热式电烙铁，使用时的实际温度常常都要比焊接所需的温度高很多，这样不仅容易损坏那些不耐高温的元器件，而且在焊接质量要求较高时达不到规定的要求。所以，在焊接质量要求较高的场合，一般采用恒温电烙铁，其实物图如图 11-11 所示。

图 11-11　恒温电烙铁实物图

11.3　其他辅助工具

1. 烙铁架

烙铁架一般用塑胶底板和金属支架做成，用来放置电烙铁、焊锡、助焊剂及海绵等，其实物图如图 11-12 所示。

图 11-12　烙铁架实物图

2. 排锡管

排锡管是针脚元器件拆焊工具，可用医用针头自制，只需把针尖磨成平口即可。为了拆卸不同粗细的针脚元器件，手头应备有多个不同孔径的针头。使用时将针孔对准焊盘上元器件引脚，待电烙铁熔化焊点后迅速将针头插入电路板通孔内，同时旋动针头，分离引脚与焊盘，待锡焊冷却凝固后旋转拔出排锡管。

3. 捅针

拆焊后，如果印刷线路板的焊盘通孔被焊锡堵住，要用电烙铁重新加热，同时用捅针插入清理通孔，以便重新插入元器件。排锡管也可以兼做捅针。

4. 吸锡器

吸锡器是拆焊工具，如图 11-13 所示。它利用活塞机构将熔化的焊锡吸进吸锡管内，从而清除焊点锡焊，使元器件引脚和线路板分离。

图 11-13　吸锡器实物图

5. 热风枪

热风枪用吹出的高温热风熔化焊点，主要用来焊接和拆除各种封装形式的集成电路、电阻排等多脚元器件和贴片元器件，在计算机和手机线路板维修时经常使用。热风枪的外形如图 11-14 所示。热风枪吹出的热风温度以及风量可调，拆装不同的元器件可以配上适应的风嘴，以便让热风只加热所需的区域。

图 11-14　热风枪实物图

热风枪的电路主要有温度信号放大电路、比较电路、可控硅控制电路、温度传感器、风控电路、温度显示电路、关机延时电路和过零检测电路等。温度显示电路是为了便于调温和显示热风枪的实际温度；关机延时电路可以在关机后再送一会冷风，从而更好地保护发热体和避免因枪芯温度过高而造成对人或物的损伤；加入过零检测电路能使可控硅在交流电过零时导通，以避免可控硅在正、负半周的高电平处导通而产生干扰冲击，减小对其他用电设备的影响。

11.4　焊接材料

焊接材料包括焊料(俗称焊锡)和助焊剂(又叫焊剂)。掌握焊料和助焊剂的性质、成分、作用原理及选用知识，是电子工艺技术中的重要内容之一，对于保证产品的焊接质量具有决定性的影响。

1. 焊锡

焊锡是易熔金属，它的熔点低于被焊金属。焊锡熔化时，将被焊接的两种相同或不同的金属结合处填满，待冷却凝固后，把被焊金属连接到一起，形成导电性能良好的整体。一般要求焊锡具有熔点低、凝固快的特点，熔融时应该有较好的浸润性和流动性，凝固后要有足够的机械强度。

2. 助焊剂

在焊接过程中，由于温度比较高，加热的金属表面与空气接触以后，表面会生成一层氧化膜。温度越高，氧化越厉害。这层氧化膜会阻止液态焊锡对金属的浸润作用，犹如玻璃沾上油就会使水不能浸润一样，使焊接工件不能充分润湿而影响焊接质量。助焊剂就是用于清除氧化膜、保证焊锡浸润的一种化学剂。

11.5　导线与绝缘材料

导线是能够导电的金属线。人们常说的电线、电缆只是导线的一部分，工业和民用导线有好几百种，这里仅介绍电子产品装配中常用的导线。

1. 导体材料

导线一般由导体(芯线)和绝缘体(外皮)组成，导体材料主要是铜和铝。电子产品中，几乎都是使用铜线作内芯线。

2. 绝缘体材料

导线绝缘表皮除了具有电气绝缘、能够耐受一定电压的作用以外，还有增强导线机械强度，保护导线不受外界环境腐蚀的作用。

3. 导线、屏蔽线

在电子产品装配中常用的安装导线，主要是塑料线。其中有屏蔽层的导线称为屏蔽线。屏蔽线能够实现静电(高电压)屏蔽、电磁屏蔽和磁屏蔽的效果。屏蔽线有单芯、双芯和多芯等数种，一般用于工作频率在 1 MHz 以下的场合。

11.6　其他常用材料

1. 散热器

为使功率消耗较大的元器件所产生的热量能尽快地释放出去，降低元器件的工作温度，通常会在元器件上固定金属翼片，这种金属翼片称其为散热器。目前，散热器常用传热较好的铝或铜等金属制造。铝型散热器由于其重量轻、价格低廉的特点得到了广泛的应用。

2. 压片、卡子

压片和卡子的种类很多，常用金属或塑料制成，主要用来把导线束、电缆或零部件固定在整机的机壳、底板等处，防止在震动时脱落，并使导线布局整齐美观，塑料制成的尼龙扎紧链常用于在电器中捆扎线束。

习　题　11

1. 常见的螺丝刀有哪几种？
2. 选用电烙铁时应注意哪些事项？
3. 助焊剂的作用是什么？
4. 外热式电烙铁和内热式电烙铁有什么区别？各自有什么特点？

第12章 焊接与工艺

12.1 焊接与锡焊

印制电路板上通常印制的是导线，将元器件按电路要求插在印制电路板的相应位置上，然后用熔化的焊锡把印制导线与元器件连接牢固的过程，称为焊接。手工焊接技术虽然不那么高深复杂，但要掌握一定的工艺与技巧，否则会焊接不牢，影响设备的正常工作，甚至造成元器件与印制电路板的损坏。手工焊接是一种传统的焊接方法，由于其操作简单、方便，目前仍在生产、科研、实验与维修中广泛采用。

焊接方法有很多种，在印制板与电子元器件的焊接中，主要是锡焊。所谓锡焊，就是将熔点比焊件(即元器件引线，印制板的铜箔等母材)低的焊料、焊剂与焊件共同加热到一定温度(240~350℃)，在焊件不熔化的情况下，使焊料熔化，浸润焊锡面，并扩散形成合金层，将焊件彼此连接牢。

12.2 焊接材料

1. 焊料

电子电路的焊接是利用熔点比被焊件低的焊料与被焊件一同加热,使焊料熔化(被焊件不熔化),借助于接头处的表面的润湿作用,使熔融的焊料流布并充满连接处的缝隙凝固而焊合的。

1) 焊料的优点和组成

电子电路焊接主要使用的是锡铅合金焊料，也称焊锡。焊锡有如下的优点：

(1) 熔点低。各种不同成分的锡铅合金熔点均低于锡和铅各自的熔点，铅的熔点为327℃，锡的熔点为232℃。而锡铅合金在180℃时便可熔化，使用25 W外热式或20 W内热式电烙铁便可进行焊接。

(2) 机械强度高。锡铅合金的各种机械强度均比纯锡、纯铅的强度要高。

(3) 表面张力小，黏性下降，增大了液态流动性，有利于焊接时形成可靠焊点。

(4) 导电性好。锡、铅焊料均属于良导体，它们的电阻很小。

(5) 抗氧化性好。铅具有的抗氧化性优点会在锡铅合金中继续保持，使焊料在熔化时减少氧化量。

因锡铅焊料具有以上的优点，所以在焊接技术中得到了极其广泛的应用。

由于锡铅焊料是由两种以上金属按照不同的比例组成的，因此，锡铅合金的性能要随着锡铅的配比变化而变化。在市场上出售的焊锡，由于生产厂家的不同，其配制比例有很大的差别，为能使其焊锡配比满足焊接的需要，因此，选择配比最佳的锡铅焊料是很重要的。

常用的焊锡配比如下：

(1) 锡 60%、铅 40%，熔点为 182℃；

(2) 锡 50%、铅 32%、镉 18%，熔点为 145℃；

(3) 锡 33%、铅 42%、铋 23%，熔点为 150℃。

2) 常用的焊料分类

焊料的形状有圆片、带状、球状、焊锡丝等几种。常用的焊料有管状焊锡丝和焊膏两种。

(1) 管状焊锡丝。

焊锡丝内部夹有固体焊剂松香。焊锡丝的直径种类很多，常用的有 4 mm、3 mm、2 mm、1.5 mm、1 mm、0.8 mm、0.5 mm 等。这类焊锡适用于手工焊接。

(2) 焊膏。

焊膏由焊料合金粉末和助焊剂组成，并制成糊状物。焊膏能方便地用丝网、模板或点膏机印涂在印刷电路板上，是表面安装技术中的一种重要的贴装材料，适合用于流焊元器件和贴片元器件的焊接。

2. 焊剂

焊剂又叫助焊剂，一般由活化剂、树脂、扩散剂、溶剂四部分组成。主要用于清除焊件表面的氧化膜，是保证焊锡浸润的一种化学剂。

1) 助焊剂的作用

(1) 除去氧化膜。

在进行焊接时，为能使被焊物与焊料焊接牢靠，就必须要求金属表面无氧化物和杂质，因此，在焊接开始之前，必须采取各种有效措施将氧化物和杂质除去。除去氧化物与杂质的方法通常有两种，即机械方法和化学方法。机械方法是用砂纸、镊子或刀子将其除掉；化学方法则是用助焊剂清除，助焊剂中含有氯化物和酸类物质，它能同氧化物发生还原反应，从而除去工件表面的氧化膜。用助焊剂清除的方法具有不损坏被焊物及效率高等特点，因此，焊接时一般都采用这种方法。

(2) 防止氧化。

助焊剂除上面所述的去氧化物功能外，还具有加热时防止氧化的作用。由于焊接时必须把被焊金属加热到使焊料发生润湿并产生扩散的温度，但是随着温度的升高，金属表面的氧化就会加速，而助焊剂此时就在整个金属表面上形成一层薄膜，包住金属使其同空气隔绝，从而起到了加热过程中防止氧化的作用。

(3) 增加焊料流动，减小表面张力。

焊料熔化后将贴附于金属表面，但由于焊料本身表面张力的作用，力图变成球状，从而减少了焊料的附着力，而助焊剂则有减少表面张力，增加流动的功能，故能使焊料附着力增强，使焊接质量得到提高。

(4) 使焊点更光亮、美观。

合适的焊剂能够整理焊点形状，保持焊点表面的光泽。

2) 对焊剂的要求

(1) 熔点应低于焊料，只有这样才能发挥助焊剂的作用。

(2) 表面张力、黏度、比重应小于焊料。

(3) 残渣应容易清除。焊剂都带有酸性，会腐蚀金属，而且残渣也影响美观。

(4) 不能腐蚀母材。焊剂如果酸性太强，在除去氧化膜的同时，也会腐蚀金属，从而造成危害。

(5) 不产生有害气体和臭味。

3) 助焊剂的分类与选用

助焊剂大致可分为无机焊剂、有机焊剂和树脂焊剂三大类，其中以松香为主要成分的树脂焊剂在电子产品生产中占有重要地位，成为专用型的助焊剂。

(1) 无机焊剂：无机焊剂的活性最强，常温下就能除去金属表面的氧化膜。但这种强腐蚀作用很容易损伤金属及焊点，在电子焊接中通常是不用的。

(2) 有机焊剂：有机焊剂具有较好的助焊作用，但也有一定的腐蚀性，不易清除残渣，且挥发物会污染空气，一般不单独使用，而是作为活化剂与松香一起使用。

(3) 树脂焊剂：这种焊剂的主要成分是松香。松香的主要成分是松香酸和松香酯酸酐，在常温下几乎没有任何化学活力，呈中性，当加热到熔化时，呈弱酸性，可与金属氧化膜发生还原反应，生成的化合物悬浮在液态焊锡表面，也起到使焊锡表面不被氧化的作用。焊接完毕恢复常温后，松香又变成固体，无腐蚀，无污染，绝缘性能好。

松香酒精焊剂是指用无水乙醇溶解纯松香配制成 25%～30% 的乙醇溶液。这种焊剂的优点是没有腐蚀性，且具有高绝缘性能和长期的稳定性及耐湿性。焊接后清洗容易，并形成膜层覆盖焊点，使焊点不被氧化腐蚀。为提高其活性，常将松香溶于酒精中再加入一定的活化剂。但在手工焊接中并非必要，只是在浸焊或波峰焊的情况下才使用。

松香反复加热后会被碳化(发黑)而失效，发黑的松香不起助焊作用。现在普遍使用氢化松香，它从松脂中提炼而成，是专为锡焊生产的一种高活性松香，常温下性能比普通松香稳定，助焊作用也更强。

助焊剂的选用应优先考虑被焊金属的焊接性能及氧化、污染等情况。铂、金、银、铜、锡等金属的焊接性能较强，为减少助焊剂对金属的腐蚀，多采用松香作为助焊剂。

焊接时，尤其是手工焊接时多采用松香焊锡丝。铅、黄铜、青铜、铍青铜及带有镍层金属材料的焊接性能较差，应选用有机助焊剂，焊接时能减小焊料表面张力，促进氧化物的还原作用，它的焊接能力比一般的焊锡丝好，但要注意焊后的清洗问题。

3. 阻焊剂

焊接中，特别是在浸焊及波峰焊中，为提高焊接质量，需要耐高温的阻焊涂料，使焊料只在需要的焊点上进行焊接，而把不需要焊接的部分保护起来，起到一种阻焊作用，这种阻焊材料叫作阻焊剂。

1) 阻焊剂的作用

(1) 防止桥接、短路及虚焊等现象的出现，减少印制板的返修率，提高焊点的质量。

(2) 因印制板板面部分被阻焊剂覆盖,焊接时受到的热冲击小,降低了印制板的温度,使板面不易起泡、分层,同时也起到保护元器件和集成电路的作用。

(3) 除了焊盘外,其他部位均不上锡,这样可以节约大量的焊料。

(4) 使用带有色彩的阻焊剂,可使印制板的板面显得整洁美观。

2) 阻焊剂的分类

阻焊剂按成膜方法,可分为热固性和光固性两大类,即所用的成膜材料是加热固化还是光照固化。目前热固化阻焊剂被逐步淘汰,光固化阻焊剂被大量采用。热固化阻焊剂具有价格便宜、黏接强度高的优点,但也具有加热温度高、时间长,印制板容易变形,能源消耗大,不能实现连续化生产等缺点。光固化阻焊剂在高压汞灯下照射 2～3 分钟即可固化,因而可节约大量能源,提高生产效率,便于自动化生产。

12.3 电烙铁及其使用方法

1. 电烙铁的种类

在电子产品组装和维修过程中常用的手工焊接工具是电烙铁。电烙铁作为传统的电路焊接工具,与先进的焊接设备相比,存在只适合手工焊接,效率低,焊接质量不使用科学方法控制,往往随着操作人员的技术水平、体力消耗程度及工作责任心的不同有较大差别等缺点。而且烙铁头容易带电,直接威胁被焊元件和操作人员的安全,因此,使用前须严格检查。但由于电烙铁操作灵活、用途广泛、费用低廉,所以,电烙铁仍是电子电路焊接的必备工具。电烙铁具有许多品种和规格,按其发热方式来分,目前基本上有电阻式和电感式两大类,并由此派生出许多不同的品种。常见的电烙铁有以下几种。

1) 外热式电烙铁

外热式电烙铁的规格很多,常用的有 25 W、30 W、40 W、45 W、75 W、100 W 等。电烙铁功率越大,烙铁头的温度越高。外热式电烙铁的结构如图 12-1 所示。它由烙铁头、烙铁芯、外壳、木柄、电源引线和电源插头等组成。由于发热的烙铁芯在烙铁头的外面,所以称为外热式电烙铁。

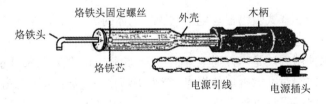

图 12-1 外热式电烙铁的结构

烙铁头的好坏是决定焊接质量和工作效率的重要因素。一般的烙铁头是用纯铜制作的,它的作用是储存和传导热量,它的温度必须比被焊接的材料熔点高。纯铜的润湿性和导热性非常好,但它的一个最大的弱点是容易被焊锡腐蚀和氧化,使用寿命短。为了改善烙铁头的性能,可以对铜烙铁头实行电镀处理,常见的有镀镍、镀铁。烙铁的温度与烙铁头的体积、形状、长短等都有一定的关系。

2) 内热式电烙铁

内热式电烙铁的常用规格有 20 W、30 W、50 W 等几种。内热式电烙铁的烙铁芯是用比较细的镍铬电阻丝绕在瓷管上制成的，其电阻值约为 2.4 kΩ 左右(20 W)，温度一般可达 350℃左右。由于它的热效率高，内热式 20 W 电烙铁的工作效率就相当于外热式 40 W 的电烙铁。由于内热式电烙铁有升温快、重量轻、耗电省、体积小、热效率高的特点，因而得到了普遍的应用。图 12-2 所示是典型电烙铁的内部结构。

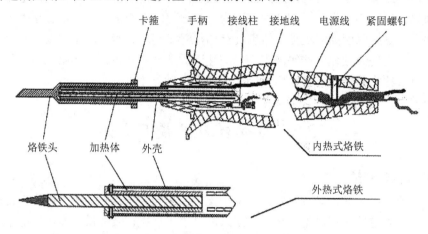

图 12-2　典型电烙铁的内部结构

3) 恒温电烙铁

由于在焊接集成电路、晶体管元器件时，温度不能太高，焊接时间不能过长，否则就会因温度过高造成元器件的损坏，因而对电烙铁的温度要给予限制。而恒温电烙铁就可以达到这一要求，这是由于恒温电烙铁头内装有带磁铁式的温度控制器，可通过控制通电时间而实现温控，即给电烙铁通电时，烙铁的温度上升，当达到预定的温度时，因强磁体传感器达到了居里点而磁性消失，从而使磁芯触点断开，这时便停止向电烙铁供电；当温度低于强磁体传感器的居里点时，强磁体便恢复磁性，并吸动磁芯开关中的永久磁铁，使控制开关的触点接通，继续向电烙铁供电。如此循环往复，便达到了控制温度的目的。

4) 吸锡电烙铁

吸锡电烙铁是将活塞式吸锡器与电烙铁融为一体的拆焊工具，它具有使用方便、灵活、适用范围宽等特点。这种吸锡电烙铁的不足之处是每次只能对一个焊点进行拆焊。

吸锡电烙铁的使用方法是：接通电源预热(3～5 分钟)，然后将活塞柄推下并卡住，把吸锡电烙铁的吸头前端对准欲拆焊的焊点，待焊锡熔化后，按下吸锡电烙铁手柄上的按钮，活塞便自动上升，将焊锡吸进气筒内。另外，吸锡器配有两个以上直径不同的吸头，可根据元器件引线的粗细进行选择。

2. 电烙铁的选用

电烙铁的种类及规格有很多，在使用时，可根据不同的被焊工件合理地选用电烙铁的功率、种类和烙铁头的形状。一般的焊接应首选内热式电烙铁。对于大型元器件或直径较粗的导线应选择功率较大的外热式电烙铁。如果被焊件较大，使用的电烙铁功率较小，则焊接温度过低，焊料熔化较慢，焊剂不能挥发，焊点不光滑、不牢固，这样势必会造成焊接强度以及质量的不合格，甚至焊料不能熔化，使焊接无法进行。如果电烙铁的功率太大，则会使过多的热量传递到被焊工件上面，使元器件的焊点过热，造成元器件的损坏，致使印刷电路板的铜箔脱落，焊料在焊接面上流动过快，并无法控制。

当焊接集成电路、晶体管、受热易损元器件或小型元器件时，应选用 20 W 内热式电烙铁或恒温电烙铁。

当焊接导线及同轴电缆时，应优先用 45～75 W 外热式电烙铁，或 50 W 内热式电烙铁。

当焊接一些较大的元器件，如变压器的引线脚、大电解电容器的引线脚、金属底盘接地焊片或照明电路的连接时，应选用 100 W 以上的电烙铁。

3. 电烙铁的使用方法

1) 电烙铁的握法

使用电烙铁的目的是为了融化焊锡，连接被焊件，所以既要焊接牢靠，又不能烫伤、损坏被焊件元器件及导线，根据被焊件的位置、大小及电烙铁的规格大小，必须正确掌握手工使用电烙铁的握法。电烙铁的握法可分为三种，如图 12-3 所示。图 12-3(a)为反握式，此种方法焊接动作平稳，长时间操作不易疲劳，适用于大功率电烙铁的操作，如焊接散热量较大的被焊件或组装流水线操作。图 12-3(b)所示为正握式，此种方法使用的电烙铁功率也比较大，如带弯形烙铁头的操作。图 12-3(c)为握笔式，类似于写字握笔的姿势，此握法适合于小功率的电烙铁，焊接散热量小的被焊件，如焊接收音机、电视机的印刷电路板及其维修等，但长时间操作易疲劳。

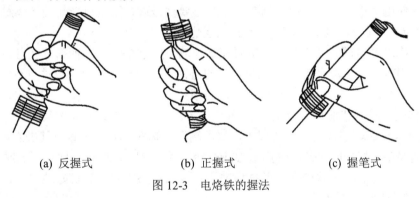

(a) 反握式   (b) 正握式   (c) 握笔式

图 12-3 电烙铁的握法

2) 烙铁头的处理

烙铁头是用纯铜制作的，在焊锡的润湿性和导热性方面没有能超过它的。但其最大的弱点是容易被焊锡腐蚀和氧化。

新使用的电烙铁，在使用前应先用砂布打磨几下烙铁头，将其氧化层除去，然后给电烙铁通电加热并沾点松香助焊剂，趁烙铁热时将烙铁头的斜面上挂上一层焊锡，这样能防止烙铁头因长时间加热而被氧化。

烙铁用了一定时间后，或是烙铁头被焊锡腐蚀，头部斜面不平，此时不利于热量传递；又或是烙铁头氧化使烙铁头被"烧死"，不再吃锡，此时烙铁头虽然很热，但就是焊不上元件。上述两种情况的处理方法是：用锉刀将烙铁头表面的氧化物锉掉，然后按照新烙铁头的使用方法处理。

3) 烙铁头温度的判别和调整

通常情况下，可根据助焊剂的发烟状态直观目测判断烙铁头的温度，如图 12-4 所示，在烙铁头上熔化一点松香助焊剂，根据助焊剂的发烟量判断其温度是否合适。温度低时，发烟量小，持续时间长；温度高时，发烟量大，消散快；在中等发烟状态，约 6～8 秒钟消散时，温度约为 300℃左右，这时是焊接的合适温度。

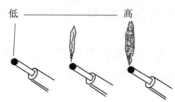

低 ————————— 高

图 12-4　烙铁头温度判别

烙铁头温度的调整：经过选择电烙铁功率大小后，已基本满足焊接温度的需要，但是仍不能完全适应印刷电路板中所装元器件的需求，比如焊接集成电路和晶体管时，烙铁头的温度就不能太高，且时间不能过长，此时便可对烙铁头插在导热管上的长度进行适当调整，进而控制烙铁头的温度。

4) 电烙铁的使用注意事项

(1) 在使用前或更换烙铁芯后，必须检查电源线与地线的接头是否正确。注意接地线要正确地接在烙铁的壳体上，如果接错就会造成烙铁外壳带电，人体触及烙铁外壳就会触电，用于焊接时则会损坏电路上的元器件。

(2) 在使用电烙铁的过程中，烙铁电源线不要被烫破，否则可能会使人体触电。应随时检查电烙铁的插头、电源线，发现破损或老化时应及时更换。

(3) 在使用电烙铁的过程中，一定要轻拿轻放，应拿烙铁的手柄部位并且要拿稳。不焊接时，要将烙铁放到烙铁架上，以免灼热的烙铁烫伤自己或他人；长时间不使用时应切断电源，防止烙铁头氧化；不能用电烙铁敲击被焊工件；烙铁头上多余的焊锡，不要随便抛甩，以防落下的焊锡溅到人身上造成烫伤；若溅到正在维修或调试的设备内，焊锡会使设备内部造成短路，造成不应有的损失，要用潮湿的抹布或其他工具将其去除。

(4) 电烙铁在焊接时，最好选用松香或弱酸性助焊剂，以保护烙铁头不被腐蚀。

(5) 经常用湿布、浸水的海绵擦拭烙铁头，以保持烙铁头能够良好地挂锡，并可防止残留助焊剂对烙铁头的腐蚀。

(6) 焊接完毕时，烙铁头上的残留焊锡应该继续保留，以防止再次加热时出现氧化层。

(7) 人体头部与烙铁头之间一般要保持 30 cm 以上的距离，以避免过多的有害气体吸入体内，因为助焊剂加热时挥发出的化学物质对人体是有害的。

12.4　手工焊接技术

1. 焊接要求

焊接是电子产品组装过程中的重要环节之一，如果没有相应的焊接工艺质量保证，任何一个设计精良的电子装置都难以达到设计指标。因此，在焊接时，必须做到以下几点：

1) 必须具有充分的可焊性

金属表面被熔融焊料浸湿的特性叫作可焊性，是指被焊金属材料与焊锡在适当的温度及助焊剂的作用下，形成结合良好合金的能力。只有能被焊锡浸湿的金属才具有可焊性。铜及其合金、金、银、铁、锌、镍等都具有良好的可焊性。即使是可焊性好的金属，因为表面容易产生氧化膜，所以为了提高其可焊性，一般采用表面镀锡、镀银等方法。铜是导电性能良好和易于焊接的金属材料，所以应用得最为广泛。常用的元器件引线、导线及焊盘等，大多采用铜材制成。

2) 焊件表面必须保持清洁

即使是可焊性好的焊件，由于长期存储和污染等原因，焊件的表面可能产生有害的氧化膜、油污等。所以，在实施焊接前也必须清洁表面，否则难以保证质量。

3) 焊点表面要光滑、清洁

为使焊点美观、光滑、整齐、清洁，不但要有熟练的焊接技能，而且要选择合适的焊料和助焊剂，否则将出现焊点表面粗糙、拉尖、有棱角等现象。

4) 焊接时温度要适当

焊接时，将焊料和被焊金属加热到焊接温度，使熔化的焊料在被焊金属表面浸润扩散并形成金属化合物。因此，要保证焊点牢固，一定要有适当的焊接温度。

加热过程中不但要将焊锡加热熔化，而且要将焊件加热到熔化焊锡的温度。只有在足够高的温度下，焊料才能充分浸润，并充分扩散形成合金层。过高的温度是不利于焊接的。

5) 焊接时间适当

焊接时间对焊锡、焊接元件的浸润性和结合层的形成有很大影响。准确掌握焊接时间是优质焊接的关键。

6) 焊点要有足够的机械强度

为保证被焊件在受到振动或冲击时不至脱落、松动，要求焊点要有足够的机械强度。为使焊点有足够的机械强度，一般可采用把被焊元器件的引线端子打弯后再焊接的方法，但不能用过多的焊料堆积，这样容易造成虚焊或焊点与焊点的短路。

7) 焊接必须可靠，保证导电性能

为使焊点有良好的导电性能，必须防止虚焊。虚焊是指焊料与被焊物表面没有形成合金结构，只是简单地依附在被焊金属的表面上。在焊接时，如果只有一部分形成合金，而其余部分没有形成合金，这种焊点在短期内也能通过电流，用仪表测量也很难发现问题。但随着时间的推移，没有形成合金的表面就会被氧化，此时便会出现时通时断的现象，这势必会造成产品的质量问题。

总之，质量好的焊点应该是：焊点光亮、对称、均匀且与焊盘大小比例合适；无焊剂残留物。

2. 焊接前的准备

1) 元器件引脚弯曲成形

为使元器件在印制电路板上的装配排列整齐并便于焊接，在安装前通常采用手工或专用机械把元器件引脚弯曲成一定的形状。元器件在印制板上的安装方式有三种：立式安装、卧式安装和表面安装。

　　无论是采用立式安装还是卧式安装，都应该按照元器件在印制电路板上孔位的尺寸要求，使其弯曲成形的引脚能够方便地插入孔内。引脚弯曲处距离元器件实体至少在 2 mm 以上，绝对不能从引线的根部开始弯折，如图 12-5 所示。

图 12-5　　元器件引脚弯曲成形示例

2) 镀锡

　　为了提高焊接的质量和速度，避免虚焊等缺陷，应该在装配以前对焊接表面进行可焊性处理——镀锡。在电子元器件的待焊面(引线或其他需要焊接的地方)镀上焊锡，是焊接之前一道十分重要的工序，尤其是对于一些可焊性差的元器件，镀锡更是至关紧要。专业电子生产厂家都备有专门的设备进行可焊性处理。

　　镀锡实际就是液态焊锡对被焊金属表面浸润，形成一层既不同于被焊金属又不同于焊锡的结合层，由这个结合层将焊锡与待焊金属这两种性能、成分都不相同的材料牢固连接起来。

　　镀锡有以下工艺要点：

　　(1) 待镀面应该清洁。

　　有人认为，既然在锡焊时使用焊剂助焊，就可以不注意待焊表面的清洁，这是错误的想法。因为这样会造成虚焊之类的焊接隐患。实际上，焊剂的作用主要是在加热时破坏金属表面的氧化层，但它对锈迹、油迹等并不能起作用。各种元器件、焊片、导线等都可能在加工、存储的过程中带有不同的污物。对于较轻的污垢，可以用酒精或丙酮擦洗；严重的腐蚀性污点，只有用刀刮或用砂纸打磨等机械办法去除，直到待焊面上露出光亮的金属本色为止。

　　(2) 烙铁头的温度要适合。

　　烙铁头温度低了会导致锡镀不上；温度高了，容易产生氧化物，使锡层不均匀，也可能吃不上锡，或烧坏焊件。要根据焊件的大小，使用相应的焊接工具，供给足够的热量。由于元器件所承受的温度不能太高，所以必须掌握恰到好处的加热时间。

　　(3) 要使用有效的焊剂。

　　在焊接电子产品时，广泛使用酒精松香水或松香作为助焊剂。这种助焊剂无腐蚀性，在焊接时能够去除氧化膜，增加焊锡的流动性，使焊点可靠美观。正确使用有效的助焊剂，是获得合格焊点的重要条件之一。

　　应该注意(正如前面所提到的)，松香经过反复加热就会碳化失效，松香发黑是失效的标志。失效的松香是不能起到助焊作用的，应该及时更换。否则，反而会引起虚焊。

　　在小批量生产中，可以使用锡锅进行镀锡。

3) 多股导线镀锡

　　在电子产品装配中，用多股导线进行连接的情况还是很多的。导线连接故障也时有发生，这与导线接头处理不当有很大关系。对导线镀锡时，要注意以下几点：

(1) 剥导线绝缘层时不要伤线。

(2) 多股导线的接头要很好地绞合，否则在镀锡时会散乱，容易造成电气故障。

(3) 助焊剂不要沾到绝缘皮上，否则难以清洗。

3. 焊接操作

手工焊接是焊接技术的基础，是电子产品装配中的一项基本操作技能。手工焊接适用于小批量电子产品的生产，具有特殊要求的高可靠产品的焊接，某些不便于机器焊接的场所以及调试和维修中的焊点修复和元器件更换等。

1) 焊锡丝的拿法

焊锡丝一般有两种拿法，如图 12-6 所示。由于焊锡丝中含有一定比例的铅，而铅又是对人体有害的一种重金属。因此，焊接时应戴上手套或操作后洗手，避免食入铅粉。

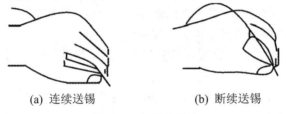

(a) 连续送锡　　　　　　(b) 断续送锡

图 12-6　焊锡丝握法

2) 焊接五步法

焊接五步法是常用的基本焊接方法，适合于焊接热容量大的工件，如图 12-7 所示。

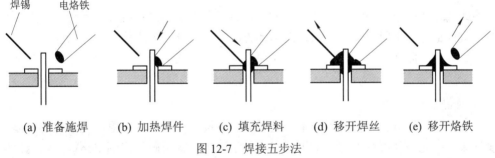

(a) 准备施焊　(b) 加热焊件　(c) 填充焊料　(d) 移开焊丝　(e) 移开烙铁

图 12-7　焊接五步法

(1) 准备施焊。左手拿焊丝，右手握烙铁，进入备焊状态。要求烙铁头保持干净，无焊渣等氧化物，并在表面镀有一层焊锡。

(2) 加热焊件。烙铁头靠在两焊件的连接处，加热整个焊件全体，时间大约为 1～2 s。对于在印制板上焊接元器件来说，要注意使烙铁头同时接触两个被焊接物。例如，图 12-7(b) 中的导线与接线柱、元器件引线与焊盘要同时均匀受热。

(3) 填充焊料。焊件的焊接面被加热到一定温度时，将焊锡丝从烙铁对面接触焊件。注意：不要把焊锡丝送到烙铁头上！

(4) 移开焊丝。当焊锡丝熔化一定量后，立即向左上 45° 方向移开焊丝。

(5) 移开烙铁。焊锡浸润焊盘和焊件的施焊部位以后，向右上 45° 方向移开烙铁，结束焊接。

从步骤(3)开始到步骤(5)结束，时间大约也是 1～2 s。

3) 焊接三步法

对于焊接热容量较小的工件，可简化为三步法操作。

(1) 准备焊接。右手拿电烙铁，左手拿焊锡丝，将烙铁头和焊锡丝靠近被焊点，处于随时可以焊接的状态。

(2) 放上电烙铁和焊锡丝。同时放上电烙铁和焊锡丝，熔化适量的焊锡。

(3) 撤丝移烙铁。当焊锡的扩展范围达到要求后，拿开焊锡丝和电烙铁。这时注意拿开焊锡丝的时机不得迟于电烙铁的撤离时间。

4) 特殊元器件的焊接

(1) 焊接晶体管时，注意每个管子的焊接时间不要超过 10 秒钟，并使用尖嘴钳或镊子夹持管脚散热，以免烫坏晶体管。

(2) 焊接 CMOS 电路时，如果事先已将各引线短路，焊接前不要拿掉短路线，对使用高电压的烙铁，最好在焊接时拔下插头，利用余热焊接。

(3) 焊接集成电路时，在保证浸润的前提下，尽可能缩短焊接时间，一般每脚不要超过 2 s。

(4) 焊接集成电路时，电烙铁最好选用 20 W 内热式的，并注意保证良好接地。必要时，还要采取人体接地的措施。

(5) 集成电路若不使用插座直接焊到印制电路板上，安全焊接的顺序是：地端→输出端→电源端→输入端。

5) 导线焊接

导线同接线端子、导线与导线之间的连接有三种基本形式：绕焊、钩焊和搭焊。其中绕焊可靠性最好，常用于要求可靠性高的地方；钩焊的强度低于绕焊，但操作简单；搭焊的连接最方便，但强度及可靠性最差，仅用于临时连接或不便于缠、钩的地方以及某些接插件上。

6) 拆焊

在调试、维修电子设备的工作中，经常需要更换一些元器件。更换元器件的前提当然是要把原先的元器件拆焊下来。如果拆焊的方法不当，就会破坏印制电路板，也会使换下来但并没失效的元器件无法重新使用。

当拆焊多个引脚的集成电路或多管脚元器件时，一般有以下几种方法。

(1) 选用合适的医用空心针头拆焊。将医用针头用钢锉锉平，作为拆焊的工具，具体方法是：一边用电烙铁熔化焊点，一边把针头套在被焊元器件引线上，焊点熔化后，将针头迅速插入印制电路板的孔内抽吸焊料，使元器件的引线脚与印制电路板的焊盘脱开。

(2) 用吸锡材料拆焊。可用作吸锡材料的有屏蔽线编织网、细铜网或多股铜导线等。将吸锡材料加松香助焊剂，用烙铁加热进行拆焊。

(3) 采用吸锡烙铁或吸锡器进行拆焊。

(4) 采用专用拆焊工具进行拆焊。专用拆焊工具能依次完成多引线管脚元器件的拆焊，而且不易损坏印制电路板及其周围的元器件。

(5) 用热风枪或红外线焊枪进行拆焊。热风枪或红外线焊枪可同时对所有焊点进行加热，待焊点熔化后取出元器件。对于表面安装元器件，用热风枪或红外线焊枪进行拆焊的效果最好。用此方法拆焊的优点是拆焊速度快，操作方便，不易损伤元器件和印制电路板上的铜箔。

7) 焊点质量检查

为了保证焊接质量，一般在焊接后都要进行焊点质量检查，主要有以下几种方法：

(1) 外观检查：就是通过肉眼从焊点的外观上检查焊接质量，可以借助 3～10 倍放大镜进行目检。目检的主要内容有：焊点是否有错焊、漏焊、虚焊和连焊；焊点周围是否有焊剂残留物；焊接部位有无热损伤和机械损伤现象。

(2) 拨动检查：在外观检查中发现有可疑现象时，可用镊子轻轻拨动焊接部位进行检查，并确认其质量。拨动检查的主要内容包括检查导线、元器件引线和焊盘与焊锡是否结合良好，有无虚焊现象；元器件引线和导线根部是否有机械损伤。

(3) 通电检查：通电检查是必须在外观检查及拨动检查无误后才可进行的工作，也是检验电路性能的关键步骤。如果不经过严格的外观检查，通电检查不仅困难较多，而且容易损坏设备仪器，造成安全事故。通电检查可以发现许多微小的缺陷，例如用目测观察不到的电路桥接、内部虚焊等。

造成焊接缺陷的原因很多，图 12-8 所示是导线端子焊接缺陷示例。

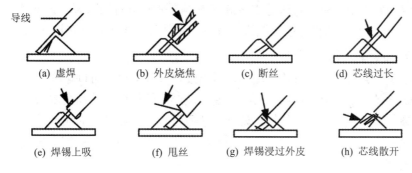

图 12-8 导线端子焊接缺陷示例

12.5 电子装配工艺

电子产品装配的目的，是以较合理的结构安排、最简化的工艺，实现整机的技术指标，快速有效地制造稳定可靠的产品。电子产品装配完成之后，必须通过调试才能达到规定的技术要求。装配工作仅仅是把成百上千的元器件按照设计图纸要求连接起来。每个元器件的特性参数都不可避免地存在着微小的差异，其综合结果会使电路的各种性能出现较大的偏差，加之在装配过程中产生的各种分布参数的影响，不可能使整机电路组装起来之后马上就能正常工作，使各项技术指标达到设计要求，必须要进行调试。

1. 装配工艺技术基础

1) 整机装配内容

电子产品整机装配的主要内容包括电气装配和机械装配两大部分。电气装配部分包括元器件的布局，元器件、连接线安装前的加工处理，各种元器件的安装、焊接，单元装配，连接线的布置与固定等。机械装配部分包括机箱和面板的加工，各种电气元件固定支架的安装，各种机械连接和面板控制器件的安装，以及面板上必要的图标、文字符号的喷涂等。

2) 装配技术要求

(1) 元器件的标志方向应按照图纸规定的要求，使得安装后能看清元器件上的标志。若装配图上没有指明方向，则应使标记向外，易于辨认，并按照从左到右、从下到上的顺序读出。

(2) 元器件的极性不得装错，安装前应套上相应的套管。

(3) 安装高度应符合规定要求，同一规格的元器件应尽量安装在同一高度上。

(4) 安装顺序一般为先低后高，先轻后重，先易后难，先一般元器件后特殊元器件。

(5) 元器件在印刷板上的分布应尽量均匀，疏密一致，排列整齐美观，不允许斜排、立体交叉和重叠排列。元器件外壳和引线不得相碰，要保证1mm左右的安全间隙。

(6) 元器件的引线穿过焊盘后应至少保留 2 mm 以上的长度。建议不要先把元器件的引线剪断，而应待焊接好后再剪断元件引线。

(7) 对一些特殊元器件的安装处理，如 MOS 集成电路的安装应在等电位工作台上进行，以免静电损坏器件。发热元件(如2 W 以上的电阻)要与印刷板面保持一定的距离，不允许贴面安装。较大元器件(重量超过 28 g)的安装应采取固定(捆扎、粘、支架固定等)措施。

(8) 装配过程中，不能将焊锡、线头、螺钉、垫圈等导电异物落在机器中。

2. 电子产品装配工艺

电子元器件种类繁多，外形各不相同，引出线也多种多样，所以印制板的组装方法也有差异，必须根据产品结构的特点、装配密度以及产品的使用方法和要求来决定。元器件装配到印制板之前，一般都要进行加工处理，然后进行插装。良好的成形及插装工艺，不但能使机器性能稳定、防震、减少损坏，而且还能得到机内整齐美观的效果。

1) 元器件引线的成形

(1) 预加工处理。

元器件引线在成形前必须进行预加工处理。这是由于元器件引线的可焊性虽然在制造时就有这方面的技术要求，但因生产工艺的限制，加上包装、贮存和运输等中间环节时间较长，引线表面会产生氧化膜，使引线的可焊性严重下降。引线的预加工处理主要包括引线的校直、表面清洁及上锡三个步骤。要求引线处理后，不允许有伤痕，镀锡层均匀，表面光滑，无毛刺和残留物。

(2) 引线成形的基本要求。

引线成形工艺就是根据焊点之间的距离，做成需要的形状，目的是使它能迅速而准确地插入孔内。要求元器件引线开始弯曲处离元器件端面的最小距离不小于 2 mm，并且成形后引线不允许有机械损伤。

(3) 成形方法。

为保证引线成形的质量，应使用专用工具和成形模具。在没有专用工具或加工少量元器件时，可使用平口钳、尖嘴钳、镊子等一般工具手工成形。

2) 元器件的安装方式

(1) 卧式安装。

卧式安装也称贴板安装，安装形式如图 12-9 所示，适用于防振要求高的产品。卧式安装的元器件贴紧印制板板面，安装间隙小于 1 mm。当元器件为金属外壳，安装面又有印制导线时，应加垫绝缘衬垫或绝缘套管。

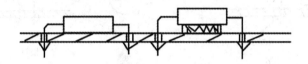

图 12-9　卧式安装

(2) 悬空安装。

悬空安装的安装形式如图 12-10 所示，它适用于发热元件的安装。悬空安装的元器件距印制板面有一定高度，安装距离在距板面的 3～8 mm 范围内，以利于对流散热。

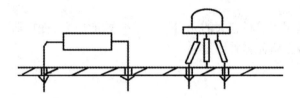

图 12-10　悬空安装

(3) 立式安装。

立式安装也称垂直安装，安装形式如图 12-11 所示，适用于安装密度较高的场所。立式安装的元器件垂直于印制板，但质量大、引线细的元器件不宜采用这种形式。

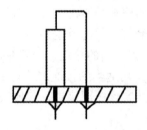

图 12-11　立式安装

(4) 埋头安装(倒装)。

埋头安装的安装形式如图 12-12 所示，这种方式可提高元器件防振能力，降低安装高度。埋头安装的元器件的壳体埋于印制板的嵌入孔内，因此又称为嵌入式安装。

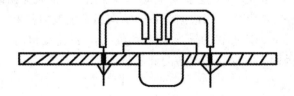

图 12-12　埋头安装

(5) 有高度限制时的安装。

有高度限制时的安装的安装形式如图 12-13 所示。元器件安装高度的限制一般会在图纸上标明，通常处理的方法是垂直插入后，再朝水平方向弯曲。对大型元器件要特殊处理，以保证有足够的机械强度，使其经得起振动和冲击。

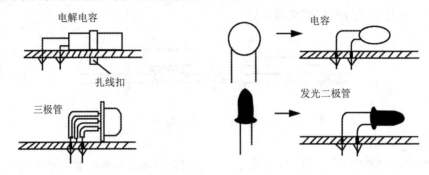

图 12-13　有高度限制时的安装

(6) 支架固定安装。

支架固定安装适用于重量较大的元器件，如小型继电器、变压器、阻流圈等。一般用金属支架在印制基板上将元器件固定。

3) 连线工艺

(1) 连线方法。

① 固定线束应尽可能贴紧底板走，竖直方向的线束应紧沿框架或面板走，使其在结构上有依附性，也便于固定。对于必须架空通过的线束，要采用专用支架支撑固定，不能让线束在空中晃动。

② 线束穿过金属孔时，应在板孔内嵌装橡皮衬套或专用塑料嵌条，也可以在穿孔部位包缠聚氯乙烯带。屏蔽层外露的屏蔽导线在穿过元器件引线或跨接印制线路情况时，应在屏蔽导线的局部或全部加绝缘套管，以防发生短路。

③ 处理地线时，为方便和改善电路的接地，一般考虑用公共地线(即地母线，常用较粗的单芯镀锡的裸铜线作地母线)。用适当的接地焊片与底座接通，也能起到固定其位置的作用。地母线形状由电路和接点的实际需要确定，应使接地点最短、最方便，但一般地母线均不构成封闭的回路。

④ 线束内的导线应留 1～2 次重焊备用长度(约 20 mm)。连接到活动部位的导线的长度要有一定的活动余量，以便能适应修理、活动和拆卸的需要。

(2) 扎线。

电子设备的电气连接主要是依靠各种规格的导线来实现的，但机内导线分布纵横交错，长短不一，若不进行整理，不仅会影响美观和多占空间，而且会妨碍电子设备的检查、测试和维修。因此在整机组装中，应根据设备的结构和安全技术要求，用各种方法，预先将相同走向的导线绑扎成一定形状的导线束(也称线扎)，固定在机内，这样可以使布线整洁，产品一致性好，因而大大提高了设备的商品价值。

4) 整机装配工艺流程

在产品的样机试制阶段或小批量试生产时，印制板装配主要靠手工操作，即操作者把散装的元器件逐个装接到印制基板上，操作顺序是：

待装元件→引线整形→插件→调整位置→固定位置→焊接→剪切引线→检验。

使用这种操作方式，每个操作者要从开始装到结束，效率低，而且容易出错。

对于设计稳定、大批量生产的产品，印制板装配工作量大，宜采用流水线装配操作这种方式，可以大大提高生产效率，减小差错，提高产品合格率。

流水线装配操作是把一次复杂的工作分成若干道简单的工序，每个操作者在规定的时间内，完成指定的工作量(一般限定每人约 6 个元器件插装的工作量)。在划分时要注意每道工序所用的时间要相等，这个时间就称为流水线的节拍。装配的印制板在流水线上的移动，一般都是用传送带方式。运动方式通常有两种：一是间歇运动(即定时运动)，另一种是连续匀速运动，每个操作者必须严格按照规定的节拍进行。对印制板的操作和工位(工序)的划分，要根据其复杂程度、日产量或班产量，以及操作者人数等因素确定。一般工艺流程如下：

每节拍元件(约 6 个)插入→全部元器件插入→一次性切割引线→一次性锡焊→检查。

引线切割一般用专用设备(割头机)，一次切割完成，锡焊通常用波峰焊机完成。

目前大多数电子产品(如电视机、收录机等)的生产大都采用印制线路板插件流水线的方式。插件形式有自由节拍形式和强制节拍形式两种。自由节拍形式分手工操作和半自动化操作两种类型。手工操作时，操作者按规定插件、剪切引线、焊接，然后在流水线上传递。半自动操作时，生产线上配备着具有铲头功能的插件台，每个操作者一台，印制板插装完成后，通过传输线送到波峰焊机上。

采用强制节拍形式时，插件板在流水线上连续运行，每个操作者必须在规定的时间内把所要求插装的元器件准确无误地插到线路板上。这种方式带有一定的强制性。在选择分配每个工位的工作量时，要留有适当的余地，以便既保证一定的劳动生产率，又保证产品质量。这种流水方式工作内容简单，动作单纯，可减少差错，提高工效。

3. 电子产品调试工艺

调试工作是按照调试工艺对电子产品进行调整和测试，使之达到技术文件所规定的功能和技术指标。调试既是保证并实现电子产品的功能和质量的重要工序，又是发现电子产品的设计、工艺缺陷和不足的重要环节。从某种程度上说，调试工作也是为电子产品定型提供技术性能参数的可靠依据。

1) 调试工作的内容及特点

调试工作包括调整和测试两个部分。调整主要是指对电路参数的调整，即对整机内可调元器件及与电气指标有关的调谐系统、机械传动部分进行调整，使之达到预定的性能要求。测试则是在调整的基础上，对整机的各项技术指标进行系统的测试，使电子设备各项技术指标符合规定的要求。具体说来，调试工作的内容有以下几点：

(1) 明确电子设备调试的目的和要求。

(2) 正确合理地选择和使用测试仪器和仪表。

(3) 按照调试工艺对电子设备进行调整和测试。

(4) 运用电路和元器件的基础理论分析和排除调试中出现的故障。

(5) 对调试数据进行分析、处理。

(6) 写出调试工作报告，提出改进意见。

简单的小型整机(如半导体收音机等)调试工作简便，一般在装配完成之后可直接进行整机调试，而复杂的整机，调试工作较为繁重，通常先对单元板或分机进行调试，达到要求后，进行总装，最后进行整机总调。

2) 调试的一般程序

由于电子产品种类繁多，电路复杂，各种产品单元电路的种类及数量也不同，所以调试程序也不尽相同。但对一般电子产品来说，调试程序大致如下：

(1) 通电检查。

先置电源开关于"关"位置，检查电源变换开关是否符合要求(是交流 220 V 还是 110 V)，保险丝是否装入，输入电压是否正确，若均正确无误，则插上电源插头，打开电源开关通电。

接通电源后，电源指示灯亮，此时应注意有无放电、打火、冒烟、异常气味，手摸电源变压器有无超温等现象，若有这些现象，应立即停电检查。另外，还应检查各种保险开关、控制系统是否起作用，各种风冷、水冷系统能否正常工作。

(2) 电源调试。

电子设备中大都具有电源电路，调试工作首先要进行电源部分的调试，然后才能顺利进行其他项目的调试。电源调试通常分为两个步骤。

① 电源空载：电源电路的调试通常先在空载状态下进行，目的是避免因电源电路未经调试而加载，引起部分电子元器件的损坏。调试时，插上电源部分的印制板，测量有无稳定的直流电压输出，其值是否符合设计要求或调节取样电位器使之达到预定的设计值；测量电源各级的直流工作点和电压波形，检查工作状态是否正常，有无自激振荡等。

② 加负载时电源的细调：在初调正常的情况下，加上额定负载，再测量各项性能指标，观察是否符合额定的设计要求。当达到最佳值时，选定有关调试元件，锁定有关电位器等调整元件，使电源电路具有加载时所需的最佳功能状态。

有时为了确保负载电路的安全，在加载调试之前，先在等效负载下对电源电路进行调试，以防匆忙接入负载电路可能会受到的冲击。

(3) 分级分板调试。

电源电路调好后，可进行其他电路的调试。这些电路通常按单元电路的顺序，根据调试的需要及方便，由前到后或从后到前依次插入各部件或印制电路板，分别进行调试。首先检查和调整静态工作点，然后进行各参数的调整，直到各部分电路均符合技术文件规定的各项技术指标为止。注意在调整高频部件时，为了防止工业干扰和强电磁场的干扰，调整工作最好在屏蔽室内进行。

(4) 整机调试。

各部件调试好之后，把所有的部件及印制电路板全部插上，进行整机调试，检查各部件之间有无影响，以及机械结构对电气性能的影响等。整机电路调试好之后，测试整机总的消耗电流和功率。

(5) 整机性能指标的测试。

经过调整和测试，确定并紧固各调整元件。在对整机进一步检查后，对产品进行全参数测试，各项参数的测试结果均应符合技术文件规定的各项技术指标。

习 题 12

1. 电烙铁有几种正确握法？

2. 焊接操作的五步法是指哪五步？焊接温度和加热时间应如何掌握？时间不足或时间过长分别有什么样的后果？

3. 元器件有哪几种安装方式？

第 13 章　常用仪表的使用

13.1　MF47 型万用表概述

　　MF47 型万用表是设计新颖的磁电系整流式多量程万用电表,可测量直流电流、交直流电压、直流电阻等,具有 26 个基本量程和电平、电容、电感、晶体管直流参数等 7 个附加参考量程,是适合于电子仪器、无线电通信、电工、工厂、实验室等广泛使用的便携式万用电表。

13.2　MF47 型万用表结构特征

　　MF47 型万用表如图 13-1 所示,其造型大方、设计紧凑、结构牢固、携带方便,零部件均选用优良材料及工艺处理,具有良好的电气性能和机械强度,其使用范围可替代一般中型万用电表。

图 13-1　MF47 型万用表

1. 表头

如图 13-2 所示，MF47 型万用表的表头是灵敏电流计。表头上的表盘印有多种符号、刻度线和数值，符号 A-V-Ω 表示这只电表是可以测量电流、电压和电阻的多用表。表盘上印有多条刻度线，其中右端标有"Ω"的是电阻刻度线，其右端为零，左端为∞，刻度值分布是不均匀的。符号中"—"或"DC"表示直流，"～"或"AC"表示交流，"～"表示交流和直流共用的刻度线。刻度线下的几行数字是与选择开关的不同挡位相对应的刻度值。表头上还设有机械零位调整旋钮，用以校正指针在左端指零位。MF 47 型万用电表标度盘与开关指示盘印制成红、绿、黑三色。颜色分别按交流红色、晶体管绿色、其余黑色对应制成，使用时读取示数便捷。标度盘共有六条刻度，第一条专供测电阻用；第二条供测交直流电压、直流电流用；第三条供测晶体管放大倍数用；第四条供测量电容用；第五条供测电感用；第六条供测音频电平用。标度盘上装有反光镜，用以消除视差。

图 13-2　MF47 型万用表表头

2. 选择开关

如图 13-3 所示，万用表的选择开关是一个多挡位的旋转开关。用来选择测量项目和量程。一般的万用表测量项目包括："mA"(直流电流)、"V"(直流电压)、"V"(交流电压)、"Ω"(电阻)。每个测量项目又划分为几个不同的量程以供选择。

图 13-3　MF47 型万用表选择开关

3. 表笔和表笔插孔

表笔分为红、黑两只。使用时应将红色表笔插入标有"＋"号的插孔，黑色表笔插入标有"－"号的插孔。

4. 电池

低电阻挡选用 2 号干电池，容量大、寿命长，高电阻挡选用 9 V 层叠电池。两组电池装于盒内，换电池时只需卸下电池盖板，不必打开表盒。

13.3　MF47 型万用表主要技术指标

MF47 型万用表的主要技术指标见表 13-1。

表 13-1　MF47 型万用表的主要技术指标

量限范围		灵敏度及电压降	精度	误差表示方法
直流电流	0～0.05 mA～0.5 mA～5 mA～50 mA～500 mA～5 A	0.3 V	2.5	以上量限的百分数计算
直流电压	0～0.25 V～1 V～2.5 V～10 V～50 V～250 V～500 V～1000 V～2500 V	20 000 Ω/V	2.5	以上量限的百分数计算
交流电压	0～10 V～50 V～250 V(45 Hz～65 Hz～5000 Hz)～500 V～1000V～2500 V(45 Hz～65 Hz)	4000 Ω/V	5	以上量限的百分数计算
直流电阻	R×1　R×10　R×100　R×1k　R×10k	R×1 中心刻度为 6.5 Ω	2.5	以标度尺弧长的百分数计算
			10	以指示值的百分数计算
音频电平	－10 dB～＋22 dB	0 dB = 1mW　600 Ω	—	—
晶体管直流放大倍数	0 hFE～300 hFE	—	—	—
电　感	20 H～1000 H	—	—	—
电　容	0.001 μF～0.3 μF	—	—	—

该表在环境温度 0℃～+40℃，相对湿度 85% 的情况下使用，各项技术性能指标符合 GB 7676 国家标准和 IEC 51 国际标准有关条款的规定。

13.4　指针万用表的使用方法及注意事项

(1) 在使用前应检查指针是否指在机械零位上，如不指在零位时，可旋转表盖上的调零器使指针指示在零位上，如图 13-4 所示。

图 13-4　MF47 型万用表机械调零

(2) 将测试笔红黑插头分别插入"＋""－"插孔中,如测量交、直流 2500 V 或直流 5 A 时,红插头则应分别插到对应的插孔中,并万用表水平放置。

(3) 欧姆调零。测量电阻时,每换一次挡都必须进行欧姆调零,方法是将测试棒二端短接,调整零欧姆调整旋钮,使指针对准欧姆"0"位上,(若不能指示欧姆零位,则说明电池电压不足,应更换电池),然后将测试棒跨接于被测电路的两端进行测量,如图 13-5 所示。

图 13-5　MF47 型万用表机械调零

(4) 测未知量的电压或电流时,应先选择最高量程,待一次读取数值后,方可逐渐转至适当量程以取得较准读数并避免烧坏电路。

(5) 测量前,应用测试笔触碰被测试点,同时观看指针的偏转情况。如果指针急剧偏转并超过量程或反偏,应立即抽回测试笔,并查明原因,予以改正。

(6) 测量高压时,要站在干燥绝缘板上,并一手操作,防止意外事故发生。

(7) 测量高压或大电流时,为避免烧坏开关,应在切断电源情况下,变换量限。

(8) 万用表使用后,应拔出表笔,将选择开关旋至"OFF"挡,若无此挡,应旋至交流电压最大量程挡,如 1000 V 交流挡。

(9) 如偶然发生因过载而烧断保险丝时,可打开表盒换上相同型号的保险丝。

(10) 电阻各挡使用的干电池应定期检查、更换,以保证测量精度。如长期不用,应取出电池,以防止电液溢出而腐蚀或损坏其他零件。

13.5　指针万用表的基本原理

如图 13-6 所示,万用表的基本原理是利用一只灵敏的磁电式直流电流表(微安表)作表头。当微小电流通过表头时，就会有电流指示。但表头不能通过大电流，所以，必须在表头上并联与串联一些电阻进行分流或降压，从而测出电路中的电流、电压和电阻。下面分别介绍。

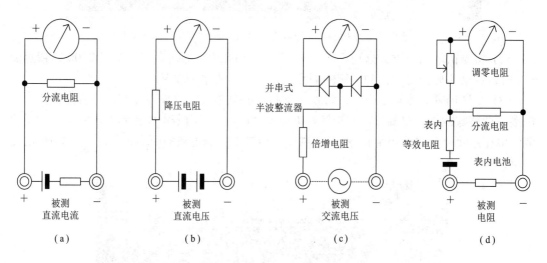

图 13-6　指针万用表的结构

1. 测直流电流原理

如图 13-6(a)所示，在表头上并联一个适当的电阻(分流电阻)进行分流，就可以扩展电流量程。改变分流电阻的阻值，就能改变电流测量范围。

2. 测直流电压原理

如图 13-6(b)所示，在表头上串联一个适当的电阻(倍增电阻)进行降压，就可以扩展电压量程。改变倍增电阻的阻值，就能改变电压的测量范围。

3. 测交流电压原理

如图 13-6(c)所示，因为表头是直流表，所以测量交流电压时，需加装一个并、串式半波整流电路，将交流进行整流变成直流后再通过表头，这样就可以根据直流电的大小来测量交流电压。扩展交流电压量程的方法与扩展直流电压量程相似。

4. 测电阻原理

如图 13-6(d)所示，在表头上并联和串联适当的电阻，同时串接一节电池，使电流通过被测电阻，根据电流的大小，就可测量出电阻值。改变分流电阻的阻值，就能改变电阻的量程。

13.6　指针万用表的测量方法

1. 直流电流测量

测量 0.05～500 mA 的电流时，转动开关至所需电流挡；测量 5 A 的电流时，红表笔插头则插到对应的插座中，转动开关可放在 500 mA 直流电流量程上，而后将测试笔串接于被测电路中。

注意：严禁用电流挡去测量电压。

2. 交直流电压测量

(1) 测量交流 10～1000 V 或直流 0.25～1000 V 的电压时，转动开关至所需电压挡；测量交直流 2500 V 的电压时，开关应分别旋至交流 1000 V 或直流 1000 V 位置上，红表笔插头则插到对应的插座中，而后将测试笔跨接于被测电路两端。

(2) 若配以厂家高压探头可测量小于等于 25 kV 的高压，测量时，开关应放在 50 μA 位置上，高压探头的红黑插头分别插入"＋""－"插座中，接地夹与电视机金属底板连接，而后握住探头进行测量。

注意：测量直流电压时，黑色测试笔应接低电位点，红色测试笔应接高电位点。

3. 直流电阻测量

(1) 装上电池(R14 型 2 号 1.5 V 及 6F22 型 9 V 各一只)。转动开关至所需测量的电阻挡，将两测试笔短接，调整零欧姆调整旋钮，使指针对准于欧姆"0"位上，然后分开测试笔进行测量。

(2) 万用表的 Ω 挡分为 ×1、×10、×1k 等几挡位置。刻度盘上的 Ω 的刻度只有一行，其中 ×1、×10、×1k 等数值即为电阻 Ω 挡的倍率。

例如：转换开关旋在 ×1k 位置，测试笔外接一被测电阻 R_x，这时指针若指着刻度盘上的 30 Ω，则 $R_x = 30 \times 1 \text{ k} = 30 \text{ k}\Omega$。

(3) 测量电路中的电阻时，应先切断电源。如电路中有电容则应先行放电。严禁在带电线路上测量电阻，因为这样做实际上是把欧姆表当作电压表使用，极易使电表烧毁。

(4) 每换一个量限，应重新调零。测量电阻时，表头指针越接近欧姆刻度中心读数，测量结果越准确，所以要选择适当的测量量限。

(5) 当检查电解电容器漏电电阻时，可转动开关至 R×1k 挡，红测试笔必须接电容器负极，黑测试笔接电容器正极。

4. 音频电平测量

音频电平用以在一定的负荷阻抗上，测量放大器的增益和线路输送的损耗，测量单位以分贝(dB)表示。

音频电平与功率、电压的关系式是：

$$N(\text{dB}) = 10 \ \lg \frac{P_2}{P_1} = 20 \ \lg \frac{U_2}{U_1} \tag{13.1}$$

音频电平的刻度系数按 0 dB = 1 mW·600 Ω 输送线标准设计。即

$$U_1 = \sqrt{PZ} = \sqrt{0.001 \times 600} = 0.775 \text{ V} \tag{13.2}$$

式中，P、U 分别为被测功率或被测电压。

音频电平以交流 10 V 为基准刻度，当指示值大于 +22 dB 时可在 50 V 以上各量限测量，其示值可按表 13-2 所示值修正。

音频电平的测量方法与交流电压基本相似，转动开关至相应的交流电压挡，并使指针

有较大的偏转。如被测电路中带有直流电压成分时，可在"＋"插孔中串接一个 0.1 μF 的隔直流电容器。

表 13-2　音频电平值修正

量限/V	按电平刻度增加值/dB	电平的测量范围/dB
10	—	−10～＋22
50	14	＋4～＋36
250	28	＋18～＋50
500	34	＋24～＋56

5. 电容测量

转动开关至交流 10 V 位置，被测电容串接于任一测试笔，而后跨接于 10 V 交流电压电路中进行测量。

6. 电感测量

与电容测量方法相同。

7. 晶体管直流参数的测量

1) 直流放大倍数 hFE 的测量

先转动开关至晶体管调节 ADJ 位置上，将红黑测试笔短接，调节欧姆电位器，使指针对准 300hFE 刻度线上，然后转动开关到 hFE 位置，将要测的晶体管脚分别插入晶体管测试座的 EBC 管座内，指针偏转所示数值约为晶体管的直流放大倍数 β 值。N 型晶体管应插入 N 型管孔内，P 型晶体管应插入 P 型管孔内。

2) 反向截止电流 I_{CEO}、I_{CBO} 的测量

I_{CEO} 为集电极与发射极间的反向截止电流(基极开路)。I_{CBO} 为集电极与基极间的反向截止电流(发射极开路)。转动开关至 $\Omega \times 1\,k$ 挡将两测试笔短路，调节零欧姆电位器，使指针对准到零欧姆上，(此时满度电流值约 90 μA)。分开测试笔，然后将欲测的晶体管按图 13-7(a)、(b)插入管座内，此时指针指示的数值约为晶体管的反向截止电流值。指针指示的刻度值乘上 1.2 即为实际值。

当 I_{CEO} 电流值大于 90 μA 时可换用 $\Omega \times 100$ 挡进行测量(此时满度电流值约为 900 μA)。N 型晶体管应插入 N 型管座，P 型晶体管应插入 P 型管座。

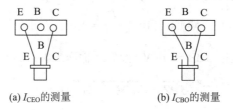

(a) I_{CEO} 的测量　　　　　　　(b) I_{CBO} 的测量

图 13-7　反向截止电流 I_{CEO}、I_{CBO} 的测量

3) 三极管管脚极性的辨别

测试时选 $\Omega \times 1k$ 挡。

(1) 先判定基极 B。

由于 B 到 C 和 B 到 E 分别是两个 PN 结，它的反向电阻很大，而正向电阻很小。测试时可任意取晶体管一脚假定为基极。将红测试笔接"基极"，黑测试笔分别去接触另外两个管脚，如此时测得都是低阻值，则红测试笔所接触的管脚即为基极 B，并且是 P 型管(如用上法测得均为高阻值，则为 N 型管)。如测量时两个管脚的阻值差异很大，可另选一个管脚为假定基极，直至满足上述条件为止。

(2) 再判定集电极 C。

对于 PNP 型三极管，当集电极接负电压，发射极接正电压时，电流放大倍数才比较大，而 NPN 型管则相反。测试时假定红测试笔接集电极 C，黑测试笔接发射极 E，记下其阻值，而后红黑测试笔交换测试，将测得的阻值与第一次阻值相比，阻值小时红测试笔接的是集电极 C，黑的是发射极 E，而且可以判断是 P 型管(N 型管则相反)。

4) 二极管极性判别

测试时选 Ω×1k 挡，黑测试笔一端测得阻值小的一极为正极。

万用表在欧姆电路中，红测试笔为电池负极，黑测试笔为电池正极。

注意：以上介绍的测试方法，一般都只能用 R×100 或 R×1k 挡。如果用 R×10k 挡，则因表内有 15 V 的较高电压，可能将二极管的 PN 结击穿；若用 R×1 挡测量，因电流过大(约 60 mA)，也可能损坏管子。

13.7　指针万用表的测量技巧

1. 测喇叭、耳机、动圈式话筒

用 R×1Ω 挡，任一表笔接一端，另一表笔点触另一端，正常时会发出清脆响亮的"哒"声。如果不响，则是线圈断了，如果响声小而尖，则是有擦圈问题，也不能用。

2. 测电容

用电阻挡，根据电容容量选择适当的量程，并注意测量时对于电解电容黑表笔要接电容正极。

1) 估测微法级电容容量的大小

可凭经验或参照相同容量的标准电容，根据指针摆动的最大幅度来估测电容容量的大小。所参照的电容不必耐压值也一样，只要容量相同即可，例如估测一个 100 μF/250 V 的电容可用一个 100 μF/25 V 的电容来参照，只要它们指针摆动最大幅度一样，即可断定容量一样，如图 13-8 所示。

2) 估测皮法级电容容量大小

估测皮法级电容容量要用 R×10kΩ 挡，但只能测到 1000 pF 以上的电容。对 1000 pF 或稍大一点的电容，只要表针稍有摆动，即可认为容量够了。

3) 测电容是否漏电

对 1000 μF 以上的电容，可先用 R×10Ω 挡将其快速充电，并初步估测电容容量，然后改到 R×1kΩ 挡继续测一会儿,这时指针不应回返,而应停在或十分接近∞处,否则就是有漏电现象。对一些几十微法以下的定时或振荡电容(比如彩电开关电源的振荡电容),对其漏电特性要求非常高,只要稍有漏电就不能用,这时可在 R×1kΩ 挡充完电后再改用 R×10kΩ 挡继续测量,同样表针应停在∞处而不应回返,如图 13-9 所示。

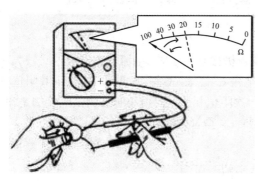
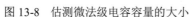

图 13-8　估测微法级电容容量的大小

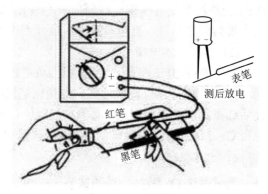

图 13-9　测电容是否漏电

3. 在路测二极管、三极管、稳压管好坏

因为在实际电路中,三极管的偏置电阻或二极管、稳压管的周边电阻一般都比较大,大都在几百或几千欧姆以上,这样,我们就可以用万用表的 R×10Ω 或 R×1Ω 挡来在路测量 PN 结的好坏。在路测量时,用 R×10Ω 挡测 PN 结应有较明显的正反向特性(如果正反向电阻相差不太明显,可改用 R×1Ω 挡来测),一般正向电阻在 R×10Ω 挡测时表针应指示在 200 Ω 左右,在 R×1Ω 挡测时表针应指示在 30 Ω 左右(根据不同表型可能略有出入)。如果测量结果正向阻值太大或反向阻值太小,都说明这个 PN 结有问题,这个管子也就有问题了。这种方法在维修时特别有效,可以非常快速地找出坏管,甚至可以测出尚未完全坏掉但特性变坏的管子。比如当用小阻值档测量某个 PN 结正向电阻过大,如果把它焊下来用常用的 R×1kΩ 挡再测,可能还是正常的,但其实这个管子的特性已经变坏了,不能正常工作或不稳定了。

4. 测量电阻器

测量电阻器时重要的是要选好量程,当指针指示于 1/3～2/3 满量程时测量精度最高,读数最准确。要注意的是,在用 R×10k 电阻挡测兆欧级的大阻值电阻时,不可将手指捏在电阻两端,这样人体电阻会使测量结果偏小。正确测量电阻器的姿势如图 13-10 所示。

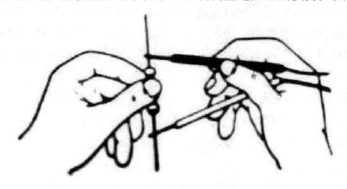

图 13-10　测量电阻器

5. 测稳压二极管

我们通常所用到的稳压管的稳压值一般都大于 1.5 V，而指针表的 R×1k 以下的电阻挡是用表内的 1.5 V 电池供电的，这样，用 R×1k 以下的电阻挡测量稳压管就如同测二极管一样，具有完全的单向导电性。但指针表的 R×10k 挡是用 9 V 或 15 V 电池供电的，在用 R×10k 测稳压值小于 9 V 或 15 V 的稳压管时，反向阻值就不会是∞，而是有一定阻值，但这个阻值还是要大大高于稳压管的正向阻值的。测稳压二极管的正确姿势如图 13-11 所示。如此，我们就可以初步估测出稳压管的好坏。但是，好的稳压管还要有准确的稳压值，业余条件下怎么估测出这个稳压值呢？不难，再去找一块指针表来就可以了。方法是：先将一块表置于 R×10k 挡，其黑、红表笔分别接在稳压管的阴极和阳极，这时就模拟出稳压管的实际工作状态，再取另一块表置于电压挡 V×10 V 或 V×50 V(根据稳压值)上，将红、黑表笔分别搭接到刚才那块表的的黑、红表笔上，这时测出的电压值就基本上是这个稳压管的稳压值。之所以说"基本上"，是因为第一块表对稳压管的偏置电流相对正常使用时的偏置电流稍小些，所以测出的稳压值会稍偏大一点，但基本相差不大。这个方法只可估测稳压值小于指针表高压电池电压的稳压管。如果稳压管的稳压值太高，就只能用外加电源的方法来测量了(这样看来，我们在选用指针表时，选用高压电池电压为 15 V 的要比 9 V 的更适用些)。

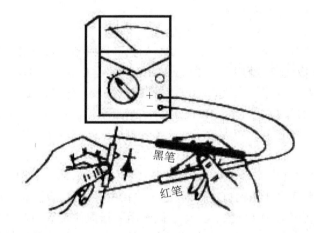

图 13-11　测稳压二极管

6. 测三极管

通常我们要用 R×1kΩ 挡，不管是 NPN 管还是 PNP 管，不管是小功率、中功率、大功率管，测其 BE 结或 CB 结都应呈现与二极管完全相同的单向导电性，反向电阻无穷大，其正向电阻大约在 10 k 左右。为进一步估测管子特性的好坏，必要时还应变换电阻挡位进行多次测量，如图 13-12 所示。方法是：置 R×10Ω 挡测 PN 结正向导通电阻都在大约 200 Ω 左右；置 R×1Ω 挡测 PN 结正向导通电阻都在大约 30 Ω 左右，(以上为 47 型表测得数据，其他型号表大概略有不同，可多试测几个好管总结一下，做到心中有数)如果读数偏大太多，可以断定管子的特性不好。还可将表置于 R×10kΩ 再测，耐压再低的管子(基本上三极管的耐压都在 30 V 以上)，其 CB 结反向电阻也应在∞处，但其 BE 结的反向电阻可能会有些，表针会稍有偏转(一般不会超过满量程的 1/3，根据管子的耐压不同而不同)。同样，在用 R×10kΩ 挡测 EC 间(对 NPN 管)或 CE 间(对 PNP 管)的电阻时，表针可能略有偏转，但这不表示管子是坏的。但在用 R×1kΩ 以下挡测 CE 或 EC 间电阻时，表头指示应为无穷大，否则管子就是有问题的。应该说明的一点是，以上测量是针对硅管而言的，对锗管不适用。不过现在锗管也很少见了。另外，所说的"反向"是针对 PN 结而言的，对 NPN 管和 PNP 管方向实际上是不同的。

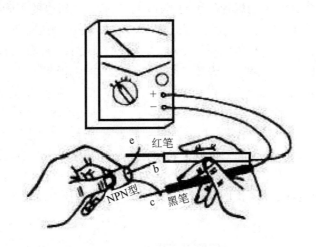

图 13-12　测量三极管

现在常见的三极管大部分是塑封的，那么如何准确判断三极管的三只引脚哪个是 B、C、E？三极管的 B 极很容易测出来，但怎么断定哪个是 C 哪个是 E？这里推荐三种方法。

第一种方法：对于有测量三极管 HFE 插孔的指针表，先测出 B 极后，将三极管的三个引脚随意插到 hFE 插孔中去(当然 B 极是可以插准确的)，测一下 hFE 值，然后将管子倒过来再测一遍，测得 hFE 值比较大的一次，各管脚插入的位置是正确的，即可以根据测得较大值的那一次各个引脚所对应的 hFE 插孔所对应的字母来判断相应的管脚。

第二种方法：对无 hFE 测量插孔或管子太大不方便插入插孔的测量表，对于 NPN 管，可以先测出 B 极，将表置于 R×1kΩ 挡，将红表笔接假设的 E 极(注意拿红表笔的手不要碰到表笔尖或管脚)，黑表笔接假设的 C 极，同时用手指捏住表笔尖及这个管脚，将管子拿起来，用舌尖舔一下 B 极，此时表头指针应有一定的偏转，如果各表笔接得正确，指针偏转会大些，如果接得不对，指针偏转会小些，差别是很明显的。由此就可判定管子的 C、E 极。对 PNP 管，要将黑表笔接假设的 E 极(手不要碰到笔尖或管脚)，红表笔接假设的 C 极，同时用手指捏住表笔尖及这个管脚，然后用舌尖舔一下 B 极，如果各表笔接得正确，表头指针会偏转得比较大。当然测量时表笔要交换一下测两次，比较读数后才能最后判定。这个方法适用于所有外形的三极管，方便实用。根据经验观察表针的偏转幅度，还可以估计出管子的放大能力。

第三种方法：判定管子的 NPN 或 PNP 类型及其 B 极后，将表置于 R×10kΩ 挡。对 NPN 管，黑表笔接 E 极，红表笔接 C 极时，表针可能会有一定偏转；对 PNP 管，黑表笔接 C 极，红表笔接 E 极时，表针可能会有一定的偏转，反过来则不会有偏转。由此也可以判定三极管的 C、E 极。不过对于高耐压的管子，这个方法就不适用了。

13.8　DT9205 数字万用表

如图 13-13 所示，DT9205 数字万用表是一种操作方便、读数精确、功能齐全、体积小巧、携带方便、使用电池作电源的手持式大屏幕液晶显示万用表，DT9205 为三位半数字万用表，具有自动校零、自动极性选择、低电池及超量程指示等功能。DT9205 还具有自动关机功能，开机后约 15 分钟后会自动切断电源，以防止仪表使用完毕忘记关电源。该表可用来测量直流电压/电流、交流电压/电流、电阻、电容、逻辑电平测试、二极管、晶体三极管 hFE 及电路通断等。可供工程设计、实验室、生产试验、工场事务、野外作业和工业维修等使用。

图 13-13　DT9205 数字万用表

1. DT9205 数字万用表的特点

DT9205 采用 COMS 集成电路，具有双积分原理 A/D 转换、自动校零、自动极性选择、超量程指示等功能。液晶显示屏幕采用高反差 70 mm × 40 mm 屏幕，显示的字高达 25 mm，按观察位置需要，显示屏可自由改变角度 70°，以获得最佳观察效果。新优化设计的高可靠量程/功能旋转开关结构，采用 32 挡位，可更有效地避免误操作。

2. DT9205 数字万用表的性能

(1) 三位半数字万用表直流精度为正负 5%，最大显示 1999。

(2) 快速电容测试：2 nF～200 μF 自动调零。

(3) 具备全量程保护功能。

(4) 过量程指示：最高位显 1，其余消隐。

(5) 通断测试有蜂鸣音响指示，还附加有发光二极管指示。

(6) 读数显示率：每秒 2～3 次读数。

(7) 电池不足指示。

3. DT9205 数字万用表的技术参数

直流电压测量量程：200 mV、2 V、20 V、200 V、1000 V。

交流电压测量量程：200 mV、2 V、20 V、200 V、750 V。

直流电流测量量程：2 mA、20 mA、200 mA、10 A。

交流电流测量量程：2 mA、20 mA、200 mA、10 A。

电阻测量量程：200 Ω、2 kΩ、20 kΩ、200 kΩ、2 MΩ、20 MΩ、200 MΩ。

电容测量量程：2 nF、20 nF、200 nF、2 μF、20 μF。

二极管测试参数：2.8 V/1mA。

晶体三极管测试参数：$U_{CE} \approx 3$ V，$I_B \approx 10$ μA。

尺寸/重量：186 mm × 86 mm × 33mm/275 g。

13.9　DT9205 数字万用表的使用方法

在使用 DT9205 数字万用表前请先注意检查 9 V 电池，按下开关，如果电池不足，则显示屏左上方会出现一个电池符号。另外还要注意测试笔插孔之旁的符号，这个符号是警告测试电压和电流不要超过指示数字。此外在使用前要先将量程放置在想测量的挡上。

1. 电压测量

(1) 将黑表笔插入 COM 插孔，红表笔插入 VΩ 插孔。

(2) 测 DCV 时，将功能开关置于 DCV 量程范围(测 ACV 时则应置于 ACV 量程范围)。并将测试表笔连接到被测负载或信号源上，在显示电压读数的同时会指示出红表笔的极性。

(3) 使用注意事项如下：

① 如果不知被测电压范围，则先将功能开关置于最大量程后，视情况降至合适量程。

② 如果只显示 "1"，表示超过量程，功能开关应置于更高量程。

③ 测 DCV 时不要输入高于 1000 V 的电压(测 ACV 时不要输入高于 750 V 的有效电压)，显示更高的电压是可能的，但有损坏内部线路的危险。

2. 电流测量

(1) 将黑表笔插入 COM 插孔，当被测电流在 200 mA 以下时红表笔插 A 插孔；如果被测电流在 200 mA～20 A 之间，则将红表笔移至 20 A 插孔(如果被测电压在 200 mA～2 A 之间，红表笔依然在 A 插孔)。

(2) 将功能开关置于 DCA 或 ACA 量程范围，测试笔串入被测电路中。

(3) 使用注意事项如下：

① 如果被测电流范围可知，应将功能开关置于高挡逐步调低。

② 如果只显示"1"，说明已超过量程，必须调高量程挡级。

③ A 插孔输入时，过载会将内装保险丝熔断，须予以更换。保险丝规格：DT9201 为 2 A，其余各表为 0.2 A。(外形 $\phi5\times20$ mm)。

④ 若 20 A 插孔没有用保险丝，测量时间应小于 15 秒。

3. 电阻测量

(1) 将黑表笔插入 COM 插孔，红表笔插入 VΩ 插孔(注意红表笔极性为"+")。

(2) 将功能开关置于所需 Ω 量程上，将测试笔跨接在被测电阻上。

(3) 使用注意事项如下：

① 当输入开路时，会显示过量程状态"1"。

② 如果被测电阻超过所用量程，则会指示出过量程"1"需用高挡量程。当被测电阻在 1 MΩ 以上时，本表需数秒后方能稳定读数，对于高电阻测量这是正常的。

③ 检测在线电阻时，须确认被测电路已关去电源，同时电容已放完电，方可测量。

④ 当 200 MΩ 量程进行测量时需注意，在此量程，二表笔短接时读数为 1.0，这是正常现象，此读数是一个固定的偏移值。如被测电阻为 100 MΩ 时，读数为 101.0，正确的阻值是显示减去 1.0，即 101.0－1.0＝100.0 MΩ。

⑤ 测量高阻值电阻时应尽可能将电阻直接插入"VΩ"和"COM"插孔中，长线在阻抗测量时容易感应干扰信号，使读数不稳。

4. 电容测量

(1) 接上电容器以前，显示的数字可以缓慢地自动变零，这是系统在进行自动校零，但在 2nF 量程上显示数字在 10 个以内，不归零是正常的。

(2) 把测量电容连到电容输入插孔(不用试棒)，必要时要注意极性连接。

(3) 使用注意事项如下：

① 测试单个电容器时，把电容引脚插进位于面板左下方的两个插孔中(插进测试孔之前务必将电容器充分放电)。

② 测试大电容时，注意在最后指示之前会存在一定的滞后时间。

③ 不要把一个外部电压或已充好电的电容器(特别是大电容器)连接到测试端。

5. 温度测量

(1) 测量温度时，将热电偶传感器的冷端(自由端)插入温度测试孔中，热电偶的工作端(测温端)置于待测物上面或内部，可直接从显示器上读取温度值，读数单位为℃，不用通过表笔插座测量。

(2) 使用注意事项如下：

① 此表设计为当热电偶插入温度测试孔后，自动显示被测温度，当热电偶传感器开路时，显示常温。

② 本表随机所附 WRNM-O10 裸露式接点热电偶极限温度为 250℃(短期内为 300℃)。

6. 音频测量

(1) 将黑表笔或屏蔽层插入 COM 插孔，红表笔或屏蔽电缆芯线插入 VΩ 插孔。

(2) 把功能开关置于 Hz 量程，把测试笔或电缆跨接在电源或负载之间。

(3) 使用注意事项如下：

① 不得把大于 240 V 的有效值供给输入端，电压高于 100 V 有效值虽然可以显示出来，但可能超出技术指标。

② 在噪声环境中，对于小信号测试时用屏蔽电缆为好。

③ 测量高压时使用外部衰减以避免与高压接触。

7. 逻辑电平测试

(1) 将黑表笔或屏蔽层插入 COM 插孔，红表笔插入 VΩ 插孔。

(2) 把功能开关置于 LOGIC 量程范围，并将黑表笔插入测电路"地端"。红表笔接测试端。当测试端电平大于等于 2.4 V 时，逻辑电平显示"▲"。当测试端电平≤0.7 V 时，逻辑电平显示"▼"，并发生蜂鸣声响。当测试端开路时，逻辑电平显示"▲"。

(3) 使用注意事项如下：

在进行此项测量时，高位挡始终显示"1"，无超量程含义，只说明内电路已接通。

8. 二极管测量

(1) 将黑表笔或屏蔽层插入 COM 插孔，红表笔插入 VΩ 插孔。(注意红表笔接内电路"+"极)

(2) 把功能开关置于 ⊣⊢ 挡，并将测试笔跨接在被测二极管上。

(3) 使用注意事项如下：

① 当输入端未接入时，即开路时，显示值为"1"。

② 通过被测器件的电流为 1 mA 左右。

③ 本表显示值为正向压降伏特值，当二极管接反时即显示过量程"1"。

9. 晶体三极管 hFE 测量

(1) 把功能开关置于该挡。

(2) 先认定晶体三极管是 PNP 型还是 NPN 型，然后再将被测管 E、B、C 三脚分别插入面板对应的晶体三极管插孔内。

(3) 此时显示的则是 hFE 近似值，测试条件为基极电流 10 μA，U_{CE} 约为 3 V。

10. 液晶显示屏视角选择

在一般使用条件下，显示屏呈锁紧状态。当使用条件需要改变显示屏视角时，可用手指按压显示屏上方的锁扣钮，并翻出显示屏，使其转到最适宜的角度。

13.10　DT9205 数字万用表的保养

该系列数字万用表是一部精密电子仪表，不要随便改动内部电路以免损坏。

(1) 不要接到 1000 V 直流或有效值 750 V 交流以上的电压上去。

(2) 切勿误接量程以免电路受损。

(3) 仪表后盖未盖好时切勿使用。

(4) 拆卸仪表后盖及保险丝时，须在拔去表笔及关断电源后进行。旋出后盖螺钉，轻轻地稍掀起后盖并向前推后盖，使后盖上挂钩脱离仪表面壳，即可取下后盖。按后盖上注意说明的规格要求更换电池和保险丝。仪表保险丝规格为 2 A/250 V，外形尺寸为 $\phi 5 \times 20$ mm。

13.11　示　波　器

示波器是能直观显示被测电路中电压或电流波形的一种电子测量仪器。可测量周期性信号波形的周期(或频率)、脉冲波的脉冲宽度和前后沿时间、同一信号任意两点间的时间间隔、同频率两正弦信号间的相位差、调幅波的调幅系数等各种电参量。借助传感器还能观察非电参量随时间的变化过程。

根据用途、结构及性能，示波器一般分为通用示波器、多束示波器(或称多线示波器)、取样示波器、记忆与存储示波器、特殊示波器等。尽管示波器的种类很多，但基本操作方法和原理大致相同。本节以 YB4320G 型示波器为例来说明示波器的使用。

1. 示波器主要技术指标

Y 轴偏转系数：1 mV/div～5 V/div，1-2-5 进制分 12 挡，误差 ±5%(1 mV～2 mV±8%)。

最高安全输入电压：400 V(DC+ACpeak)≤1 kHz。

水平显示方式：A、A 加亮，B、B 触发。

扫描线性误差：×1：±8%；扩展×10：±15%。

触发源：CH1、CH2、电源、外接。

触发方式：自动、常态、单次。

阈值：TTL 电平(负电平加亮)。

幅度：$2V_{p-p} \pm 2\%$。

频率：1 kHz ± 2%。

2. 示波器面板部件功能说明

YB4320G 型示波器为双踪示波器，图 13-14 所示为该示波器前面板的按键图。总体上可把面板上的按键、旋钮分为主机部分、垂直方向部分、水平方向部分和触发系统四部分，下面按部分介绍各个按键和旋钮的作用。

1) 主机部分

⑥：电源开关。电源开关按键弹出即为"关"位置，按下该键，接通电源。

⑤：电源指示灯。当示波器电源接通时，该指示灯亮。

②：辉度旋钮。控制光点和扫描线的亮度，顺时针旋转该旋钮，亮度增强。

③：聚焦旋钮。先用辉度旋钮将亮度调至合适的标准，然后调节聚焦控制旋钮直至光迹达到最清晰的程度。

④：显示屏。信号的测量显示终端。

①：校准信号输出端子。提供 1 kHz(2%、$2V_{p-p}$)2%方波作本机 X 轴和 Y 轴校准用。

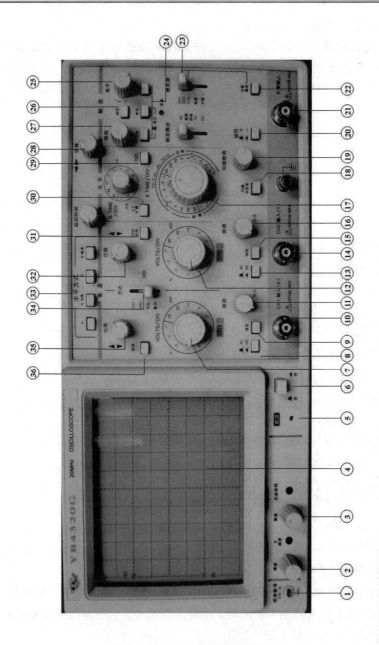

图 13-14　示波器前面板按键图

2) 垂直方向部分

⑩：通道 1 输入端[CH1 INPUT(X)]。信号输入通道 1。在 X－Y 方式时，作为 X 轴的输入端。

⑭：通道 2 输入端[CH2 INPUT(Y)]。信号输入通道 2。在 X－Y 方式时，作为 Y 轴的输入端。

⑧、⑨、⑬、⑮：交流－直流－接地[AC、DC、GND]。输入信号与放大器连接方式选择开关。

交流(AC)：放大器输入端与信号连接由电容来耦合；

直流(DC)：放大器输入端与信号输入端直接耦合；

接地(GND)：输入信号与放大器断开，放大器输入端接地。

⑦、⑫：衰减器开关[VOLTS/DIV]。用于选择垂直偏转系数，共 12 挡。如果使用的探头为×10，则计算时将幅度×10。

⑪、⑯：通道 1、通道 2 输入信号的垂直微调旋钮。垂直微调用于连续改变电压偏转系数。此旋钮在正常情况下应位于顺时针方向旋到底的位置(校准)。

㉜、㉟：垂直位移旋钮。分别用来调整通道 1、通道 2 输入信号光迹在屏幕中的垂直位置。

㉞：垂直方式开关。选择垂直方向的工作方式。

通道 1 选择(CH1)：屏幕上仅显示 CH1 的信号；

通道 2 选择(CH2)：屏幕上仅显示 CH2 的信号；

双踪选择：屏幕上显示双踪，自动以交替或断续方式同时显示 CH1 和 CH2 通道上的信号；

叠加：显示 CH1 和 CH2 输入信号的代数和。

㉛：CH2 反相开关。按此开关时 CH2 显示反相信号。

3) 水平方向部分

⑰：主扫描时间系数选择开关[TIME/DIV]。共 20 挡，可在 0.1 μs～0.5 s/DIV 范围内选择扫描速率。

㉙：X–Y 控制键。按下此键，垂直偏转信号接入 CH2 输入端，水平偏转信号接入 CH1 输入端。

⑱：扫描非校准开关。按下此键，扫描时基进入非校准调节状态，此时调节扫描微调旋钮⑲有效。

⑲：扫描微调旋钮。顺时针方向旋转到底时，处于校准位置，扫描由 TIME/DIV 开关指示。当⑱未按下时，旋转该旋钮无效，即为校准状态。

㉘：水平位移。用于调节光迹在水平方向移动。(通道 1 和通道 2 的信号均受此旋钮控制)

㉚：扩展控制键。按下此键，扫描因数 × 5 扩展。扫描时间是 TIME/DIV 开关指示数值的 1/5。

㉝：水平方式选择。按下 A 键主扫描 A 单独工作，用于一般波形观察。其余三个键不常用，在此不作介绍。

4) 触发系统

㉓：触发源选择开关：

通道 1 触发(CH1，X–Y)：CH1 通道为触发信号，当工作在 X−Y 方式时，拨动开关应设置于此挡；

通道 2 触发(CH2)：CH2 通道输入的信号是触发信号；

电源触发：电源频率信号为触发信号；

外触发：外触发输入端的触发信号是外部信号。

㉒：交替触发。在双踪交替显示时，触发信号来自于两个垂直通道，此方式可用于两路不相关信号。

㉑：外触发输入插座。用于外部触发信号的输入。

㉕：触发电平旋钮。用于调节被测信号在某选定电平触发，当旋钮转向"+"时，显示波形的触发电平上升，反之触发电平下降。

㉗：释抑。当信号波形复杂，用电平旋钮不能稳定触发时，可用该旋钮使波形稳定同步。

⑳：触发极性。选择触发极性，按下该键，则选择信号的下降沿触发。

㉔：触发方式选择。

自动：在该方式下，扫描电路自动进行扫描。在没有信号输入或输入信号没有被触发同步时，屏幕上仍然可以显示扫描基线。

常态：有触发信号才能扫描，否则屏幕上无扫描线显示。当输入信号频率低于 50 Hz 时，选择"常态"触发方式。

单次：当"自动""常态"两键同时弹出即被设置为"单次"触发工作方式。当触发信号来到时，准备指示灯亮，单次扫描结束后指示灯熄灭，按下"复位"键后，电路又处于待触发状态。

㉖：电平锁定。无论信号如何变化，触发电平自动保持在最佳位置，不需人工调节触发电平旋钮。

3. 示波器使用方法

1) 峰-峰电压的测量

将信号输入至 CH1 输入端或 CH2 输入端插座，将垂直方式置于被选用的通道；调节垂直灵敏度(灵敏度大小用 Dy 表示)并观察波形，使被显示的波形在垂直方向 5DIV 左右，将微调顺时针旋到校正位置；调整扫描速度，使之至少显示一个周期的波形；调整垂直移位，使波形底部对齐某一水平坐标线，再调整水平移位，使波形顶部在屏幕中央的 y 轴上(如图 13-15 所示)；读出 A、B 两点在垂直方向的格数 Y，按 $U_{p\text{-}p} = Y \cdot Dy$ 计算被测信号的峰-峰电压值。

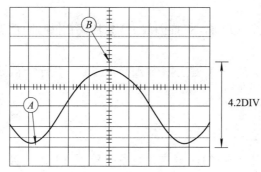

图 13-15　峰-峰电压的测量

2) 直流电压的测量

垂直微调旋钮置"校正"位置，输入耦合选"GND"，调节垂直移位，使扫描基线与中央的 x 轴重合。输入被测直流电压，将耦合改为"DC"，这时扫描基线(就是直流电压的波形)发生垂直位移，调节垂直灵敏度(Dy)，使扫描基线偏移在离 x 轴较远的位置上。读出扫描基线在垂直方向上离 x 轴的格数 Y(在 x 轴上方取正，下方取负)，按 $U = Y \cdot Dy$ 计算被测直流电压值。

3) 周期(频率)的测量

将信号从 CH1 输入端或 CH2 输入端输入，将扫描速度微调旋钮顺时针旋到"校正"位置，调节垂直灵敏度使波形幅度合适，调整触发电平使波形稳定显示。再调节扫描速度(扫描速度用 S_B 表示)使屏幕上显示 1～2 个周期的信号波形，分别调整垂直移位和水平移位旋钮，使一个周期波对应的 A、B 两点位于 x 轴上，利用 x 轴上标尺测量出两点之间的水平格数 X_T，按 $T = X_T \cdot S_B(f = 1/T)$ 计算出波形的周期和频率。

4) 相位差的测量

相位差的测量与周期的测量都属于时间类测量，方法有类似之处。

将两个同频率的正弦波信号分别从 CH1 输入端、CH2 输入端输入，调整每个通道的垂直灵敏度和微调旋钮，使两个波形的显示幅度相同，用垂直移位旋钮移动两个波形到水平标尺中间处；调整扫描速度和微调旋钮，使波形的一个周期在屏幕上显示 8DIV，这样水平刻度线上 1DIV = 360°/8 = 45°。测量两个波形向下(或者向上)过 x 轴的相邻两点的水平距离 X(如图 13-16 所示中的 A、B 两点间距离)，按 $\Delta\phi = 45° X$ 计算出两个正弦波信号的相位差。

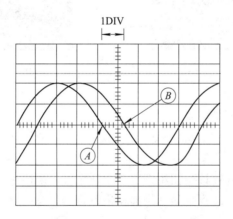

图 13-16　相位差的测量

13.12　毫　伏　表

交流毫伏表是一种用来测量微弱正弦电压有效值的电子仪表。由于其具有测量信号的频率范围宽、输入阻抗高、灵敏度高、电压测量范围大等特点，可以对一般的放大器和电子设备进行测量，故不同于常用的毫伏计或电压表。这里介绍实验室里常用的 DF2175A 型交流毫伏表的一般知识并介绍其使用方法。

1. 毫伏表主要技术性能

DF2175A 毫伏表主要性能指标见表 13-3。

表 13-3　DF2175A 毫伏表主要性能指标

项　目	性能指标	项　目	性能指标
测量电压范围	30 μV～300 V	频率响应误差	20 Hz～20 kHz±3%
测量电平范围	–90～+50 dB；–90～+52 dBm	电压测量误差	±5%(满度值)
测量电压频率范围	5 Hz～2 MHz	输入阻抗	约 2 MΩ(1 kHz)
固有误差	≤±3%(以 1 kHz 为基准)	输入电压	220 V　50 Hz

2. 毫伏表面板部件功能说明

DF2175A 型晶体管毫伏表的前后面板结构如图 13-17 所示。

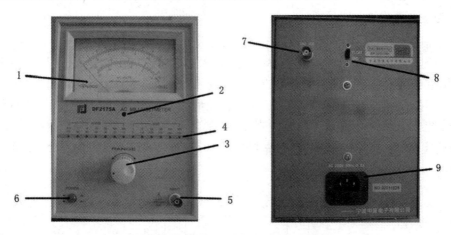

图 13-17　毫伏表的前后面板结构图

面板各旋钮功能如下：

1—表头：用来显示测量结果。

2—机械零位调整旋钮：当仪器输入端信号电压为零时(输入端短路)，电表指示应为零，否则需调节该旋钮。

3—量程选择旋钮：旋转该旋钮用来选择合适量程，顺时针方向旋转量程增大。

4—量程指示：通过灯的点亮显示当前使用量程。

5—通道输入：输入信号的输入端口。

6—电源开关：用来打开和关上毫伏表。

7—通道监视输出：输出信号的输出端口。

8—接地方式选择开关(浮置/接地)。

开关置于浮置时，输入信号地与外壳处于高阻状态；

开关置于接地时，输入信号地与外壳接通。

在音频信号传输中，有时需要平衡传输，此时测量其电平时，不能采用接地方式，需要浮置测量。

在测量 BTL 放大器时，输入两端任一端都不能接地，否则将会引起测量不准甚至烧坏功放，此时宜采用浮置方式测量。

9—电源插座。

3. 毫伏表使用方法

(1) 通电前，将仪表水平放置，首先检查电表指针是否在零位，如不在零位应用螺丝刀进行机械调零校正。

(2) 接通电源，按下电源开关，各挡位发光二极管全亮，然后自左至右依次轮流检测，检测完毕后停止于 300 V 挡指示，并自动将量程置于 300 V 挡。

(3) 预热 15 分钟后开始测量，用输入专用插头的两端并接于被测量的元件两端，为了避免因量程不够而损坏仪表，应先使用高的量程挡，然后逐渐调小。具体操作方法是：如果读数小于满刻度 30%，逆时针方向转动量程旋钮逐渐减小电压量程，当指针位置在满刻度 2/3 到满刻度之间时，读数较精确。

4. 毫伏表使用注意事项

(1) 接通电源及输入量程转换时，由于电容放电，指针有所晃动，因此需待指针稳定后读取读数。

(2) 所测交流电压中的直流分量不得大于 100 V。

(3) 测量 30 V 以上的电压时，需注意安全。

(4) 测量时，仪表的地线应该与被测量电路的地线相连，这也是为了防止附加电压的干扰，以免影响测量的准确性。

(5) 尽管该型号的毫伏表有开机自动将量程置于最大量程挡的功能，但在使用其他型号毫伏表时要养成良好习惯：用完后，应该把量程打到最大挡，然后关闭电源以及将“测量范围”开关旋至最大，再开机。

(6) 仪器使用中应避免剧烈振动，仪器周围不应有高热及强电磁场干扰，应将仪器放在干燥及通风的地方，并保持清洁，久置不用时应盖上塑料套。

习　题　13

1. 万用表分为哪两类？常用于测量哪些参量？
2. 简述用指针万用表测量三极管的方法。
3. 用指针万用表测电阻时应该注意什么事项？
4. 简述示波器的峰-峰值和频率的测量方法。

第 14 章　印制电路板设计与制作

随着电子技术的迅速发展和芯片生产工艺的不断提高，电路板的结构变得越来越复杂，从最早的单层板到常用的双层板再到复杂的多层电路板设计，电路板上的布线密度越来越大。这就使得电路板设计工程师们仅靠原始的手工设计方式来设计复杂的电路板变得不现实。随着计算机辅助与仿真技术的发展，各种电路板设计与仿真软件迅速发展起来，使得复杂的电路板设计变得十分简单，大大提高了设计者的设计效率，缩短了产品开发周期。

14.1　常用的制板软件简介

1. Power PCB

Power PCB 又名 PADS Layout，是由 Mento 公司研发的一套高端的专业 PCB 绘图软件。该软件功能强大，性能优越，尤其是它具有非常专业的 PCB 设计规则可供开发者设置。开发者首先将各种规则设定好，然后再进行设计操作，便能方便地设计出高性能的电路板。在自动布线和自动布局方面，该软件也有较为严密的规则可供设置，因此大大增强了其自动布局、布线的效率和质量。从设计电路板的层次方面来讲，该软件也比较专业，能满足开发者设计至少 8 层以上的多层板，并且运行稳定。该软件也存在不足之处：一方面，软件本身是针对 PCB 设计方面开发的，并没有给用户提供绘制原理图的工具，其原理图必须借助于 PowerLOGIC、Protel 等软件；另一方面，该软件功能较强，参数设定较多，因而对新手来说上手比较慢；此外，该软件运行的程序较为复杂，因而占用的计算机资源也比较多。

2. Protel 99SE

Protel 是国内业界最早使用和最为流行的一个绘图软件。Protel 99SE 是 Protel 公司推出的基于 Windows 平台的产品，其集强大的设计能力、复杂工艺的可生产性和设计过程于一体，完整地实现了电子产品从概念设计到生产的全过程。尽管该软件在某些领域(如多层板设计、超大规模电路设计)赶不上 Power PCB 等软件，但它具有入门简单、上手快、占用资源少、元器件库丰富等优点，因此很受初学者和大部分电子行业的人士欢迎。但由于其是十几年前设计的软件，对现在主流操作系统 Windows 7、10 的支持并不乐观。常用的单机版本总是容易在绘制 PCB 走线时出现卡机、无反应等症状，会导致少则几分钟多则数小时的工作全部因为未及时保存而需要重新设计。

3. Altium Designer 介绍

Altium Designer 是 Altium 收购 Protel 后于 2006 年年初推出的 Protel DXP 的升级版，其更加人性化的操作极大地强化了电路设计的同步性。它整合了 VHDL 与 FPGA 系统的设计功能，提供了综合电子产品一体化开发所需的所有必需技术和功能。它集成了板级和 FPGA 系统设计，基于 FPGA 和分立处理器的嵌入式软件开发以及 PCB 版图设计、编辑和制造。Altium Designer 将设计中的元器件符号、元器件封装、SPCE 模型、3D 模型整合到一起，使用更加方便，同时对设计文件采用工程管理方式，可分类存放，易于管理。Altium Designer 继承了 Protel 99SE 软件的易用性，集成了更丰富的元器件库，对初学者来说使用简单、上手快，且自带鼠标缩放功能。在 Windows 7 系统下，Altium Designer 兼容性远好于 Protel 99SE，故越来越受到电子行业从业者的欢迎。同时 Altium Designer Winter 09 软件有只包含 SCH 与 PCB 功能的不到 70 MB 的绿色精简版，将其解压到任意目录下均可直接运行，省掉了复杂的安装过程。本节将着重介绍使用 Altium Designer 软件进行原理图和 PCB 图设计的过程，让使用者从实际操作入手，尽快掌握软件设计 PCB 的方法。

14.2　Altium Designer 绘制 PCB 的过程

制作 PCB 一般需要以下几个过程：
(1) 建立 PCB 工程(Project)；
(2) 建立 SCH 原理图文件(Schematic)；
(3) 添加元器件库；
(4) 绘制原理图，导出元器件清单；
(5) 建立 PCB 文件；
(6) 导入网络到 PCB；
(7) 设置 PCB 设计规则；
(8) 布局、布线、覆铜；
(9) 制作 PCB 封装库；
(10) 手工制板配置与打印。

14.3　新建 PCB 工程

可以通过 Windows【开始】菜单栏中的程序项启动软件，也可以在桌面上找到 Altium Designer 6 的快捷方式打开软件启动界面。初次启动 Altium Designer 软件时，在启动画面会提示用户未获得许可，进入软件就会出现 Altium Designer 的许可管理界面，用户可以通过互联网或销售商等方式获得软件使用许可。

Altium Designer 默认的设计界面是英文的，但是 Altium Designer 软件支持中文菜单，可以在【Preferences】中进行中英文菜单切换。点击软件左上角的【DXP】→【Preferences】→【System】→【General】选项卡，勾选 "Use localized resources" 复选框，再点击 "确

认"后可关闭软件。重新打开软件就是中文界面了，如图 14-1 所示。软件界面左右两边标签面板在不用时会自动收缩，不会遮挡绘图界面，也可以点击标签内的图钉按钮使其固定显示。

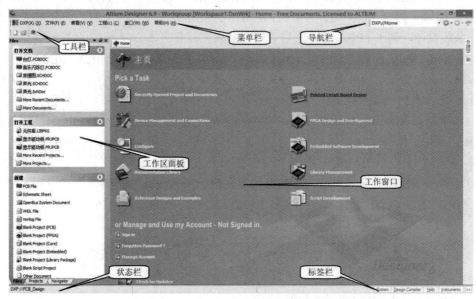

图 14-1　Altium Designer 的中文设计主窗口

执行主菜单【文件】→【新建】→【工程】→【PCB 工程】，如图 14-2 所示，可新建PCB 工程。

图 14-2　新建 PCB 工程

执行主菜单【文件】→【保存工程为…】进行保存，也可以在【Projects】面板上右击工程文件【PCB_Project1.PrjPCB】→【保存工程为…】。

14.4　绘制原理图

电路板的设计一般都是从原理图设计开始的。一个原理图的好坏直接关系到最终制作的电路板能否正常工作。绘制原理图的目的是创建一个带封装信息的电气连接网络，为 PCB 的设计提供依据。一个好的原理图首先得保证原理图内的元器件选择以及连线正确无误，其次还需要有清晰的结构和合理的布局。一般情况下，原理图的设计大致分为以下几个步骤：新建原理图文件；原理图设计界面与规则设置；载入元器件库；放置元器件；元器件位置调整；绘制电气连线检查原理图；输出文件。

1. 新建原理图文件

新建原理图文件：执行【文件】→【新建】→【Schematic】新建一个原理图文件，启动原理图编辑器，如图 14-3 所示。

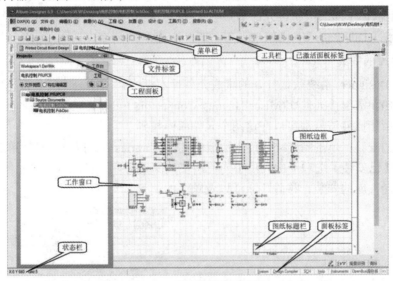

图 14-3　原理图编辑器界面

打开原理图文件：执行【文件】→【打开】，在选择打开文件对话框中双击原理图设计文件，启动原理图编辑器，打开一个已有的原理图文件。

保存原理图文件：执行【文件】→【保存】，也可以在关闭时，在自动弹出保存界面进行保存。

2. 原理图设计界面设置

在绘制电路图之前，首先要进行图纸设置，比如图纸的大小、方向、标题、网格参数等信息。系统默认选择 A4 横向幅面的设计图纸，这对一般的设计显然够用了，但对于元器件较多的复杂设计，可能摆放不完，此时需要 A3 或 A2 幅面。点击菜单的【设计】→【文档选项】命令，可以弹出文档选项对话框，如图 14-4 所示，可设置模板、方位、是否显示标题栏、图纸编号间隔、是否显示图纸栅格、是否显示图纸边界、显示模板图形、颜色设置、Grids 网格大小设置、电气网格大小等。

图 14-4　图纸选项

图纸的放大与缩小有 4 种方法：

(1) 按住 Ctrl 的同时滚动鼠标滚轮；

(2) 按住 Ctrl 的同时按下鼠标右键并前后移动鼠标；

(3) 按下鼠标中间的滚轮键并前后移动鼠标；

(4) 按键盘上的 Page Up 则放大视图，按 Page Down 则缩小视图。

3. 元件库的安装

Altium Designer 系统默认打开的集成元件库有两个：常用分立元件库(Miscellaneous Devices.Intlib)和常用接插件库(Miscellaneous Connectors.Intlib)，一般常用的分立元件原理图符号和常用接插件符号都可以在这两个元件库中找到。

元件库的安装：单击图 14-5【库】面板中的【Libraries…】按钮，屏幕弹出【可用库】对话框，在【已安装】选项卡中列出了当前所安装的元件库，在此可以对元件库进行管理操作，包括元件库的安装、移除、激活以及顺序的调整。

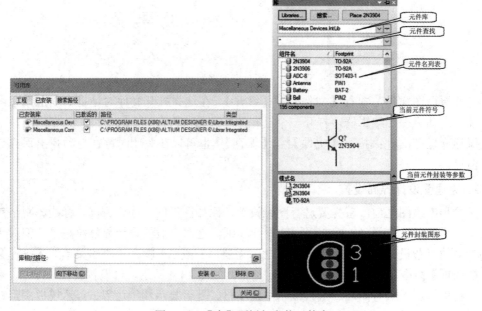

图 14-5　【库】面板与安装元件库

4. 原理图绘制

1) 元件操作

通过【库】面板放置元件：如图 14-5 所示，在【元件查找】中输入元件名字，如 "Res2" 就是电阻。点击【Place Res2】按钮，将光标移动到工作窗口中，单击鼠标左键放置元件，单击鼠标右键退出放置状态。

当元件在未放置状态时，按下键盘【Tab】键，或者在元件放置好后，双击元件，屏幕弹出元件属性设置对话框，可以修改元件的属性，如图 14-6 所示。

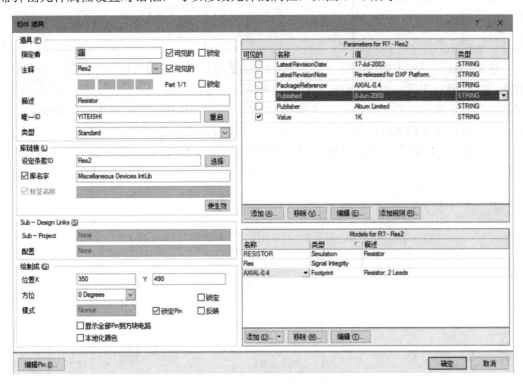

图 14-6　元件属性设置对话框

选中元件移动元件与选中文件移动文件的方法是一样的，在移动元件时，可以通过按【Space】键让元件以 90°旋转，按【X】键可以进行水平方向的翻转，按【Y】键可以进行垂直方向的翻转。可以框选多个元件或者按住【Shift】进行复选。选中元件后，按【Delete】键即可实现元件的删除。

2) 电气连接

电气连接是按照设计要求将具有电气连接的导线、网络标号、输出输入端口等放置好的各个相互独立的元器件连接起来，从而建立起电气连接的过程。

布线工具栏如图 14-7 所示，各个按钮的功能如表 14-1 所示。

图 14-7　布线工具栏

表 14-1   布线工具栏功能介绍

	放置线		GND 端口		放置器件图标符
	放置总线	VCC	VCC 端口		放置线束连接器
	放置信号线束		放置器件		放置线束入口
	放置总线入口		放置图标符		放置端口
	放置网络标号		放置图纸入口		放置没有 ERC 标志

单击布线工具栏中的 按钮，此时鼠标指针变为十字光标的形状。将十字光标放在预放置导线的电容的接线端，这时将出现红色米字形光标，如图 14-8 所示。单击鼠标，确定导线的起点，然后拖拽鼠标，在导线的转折点处再单击，再拖拽鼠标带电阻的接线端，此时又出现红色米字形光标，如图 14-9 所示。单击鼠标左键，这两个元件的连接就完成了，如图 14-10 所示。按【Shift】+【Space】键可以进行切换，可以依次切换为 90°转角、45°转角和任意角。

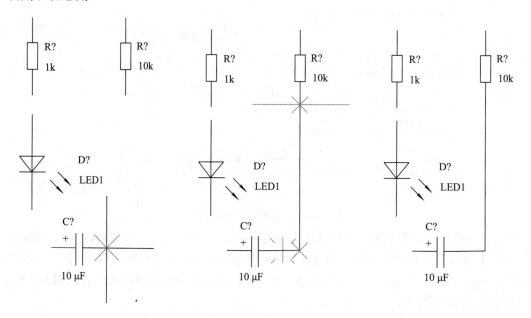

图 14-8 放置导线起点   图 14-9 放置导线终点   图 14-10 放置导线完成

执行菜单【放置】→【手工节点】，进入放置节点状态，此时光标上带着一个悬浮的小圆点，将光标移到导线交叉处，单击鼠标左键即可放下一个节点，单击鼠标右键退出放置状态。

选取【放置】菜单的【电源端口】命令，或是点击工具栏上的 或 按钮进入电源端口放置状态。前者表示放置接地符号，后者表示电源符号，其实两者功能均一样，只是外形不同而已。

放置网络标号可以通过菜【放置】→【网络标号】，或单击按钮 实现，系统进入放置网络标号状态，此时光标上黏附着一个默认网络标号"Netlabel1"，按键盘的【Tab】键或者在放置完成后双击网络标号，系统弹出网络标号的属性对话框，可以修改网络标号名、标号方向等。

3）设置元件属性

（1）添加元器件标识。元器件的标识或者标号可以通过双击该元器件在弹出的属性中自己手动进行更改。对于多个元器件，可以使用系统的自动添加标识功能进行添加，以节省时间。执行菜单命令【工具】→【注解】，弹出自动标志元件对话框，点击"确定"即可对未添加标识的元器件添加不同的名称，执行菜单命令后效果如图 14-11 所示。此时每个元器件都有不相同的名称，字符后面跟随一个浅灰色带括号的更改以前的名称。同样，可以在放置第一个元器件前按下【Tab】键设置标识后连续放置该元器件，此时标识序号可自动加 1。

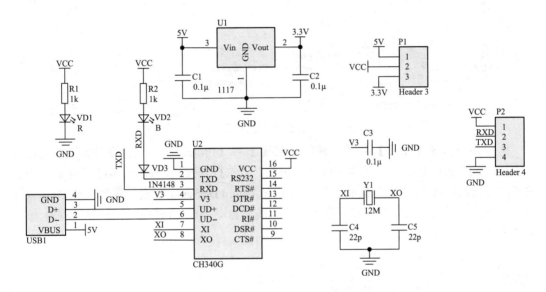

图 14-11　完成自动标识的原理图

（2）添加封装。元器件封装可以认为是确定元器件焊接到电路板时的焊接位置与焊接形状的过程，包括元器件的外形尺寸、所占空间位置以及各引脚之间的间距等。不同的元器件可以共用同一个封装。同一种元器件也可能有不同的封装。打开元器件属性设置界面进行设置，单击封装栏下方的【添加】按钮，在弹出的对话框中选择【Footprint】，在【封装模型】下的【名称】栏中输入封装名字就可以更改封装。

5. 报表生产

生成元器件报表可以对电路中元器件的封装、标号等进行进一步的检查。

执行菜单命令【报告】→【Bill of Materials】弹出如图 14-12 所示的元器件报表生成对话框，其中列出了原理图中元器件注释、描述、标号以及封装的具体信息。为了方便保存或是打印，可以将该报表导出为 Excel 文件格式，导出前先进行预览，点击【菜单】按钮在弹出的菜单中选择【报告】命令，打开元器件清单导出预览框。若对预览满意的话点击【输出】按钮，就可以生成 Excel 格式文档。

图 14-12　元器件报表生成对话框

执行菜单命令【设计】→【文件的网络表】→【Protel】，系统会在 Project 面板的"Generated\Netlist Files"目录中生成网络报表，双击打开报表，如图 14-13 所示，在该表的基础上可以完成 PCB 电路板的设计。其实在 Altium Designer 中进行原理图和 PCB 设计时，用户并不需要自己单独生成网络报表，系统会自动完成原理图设计系统和 PCB 编辑系统之间的信息交互。

图 14-13　网络报表

14.5　绘制 PCB 电路板

执行菜单命令【文件】→【新建】→【PCB】，新建一个 PCB 设计文件，并保存为 "CH340 USB 转 TTL.PcbDoc"。

1. 规划电路板

打开新建的 "CH340 USB 转 TTL.PcbDoc" 文件，执行菜单命令【设计】→【层叠管理】，弹出如图 14-14 所示的 PCB 板层设置对话框，设置电路板为双层板并确定。

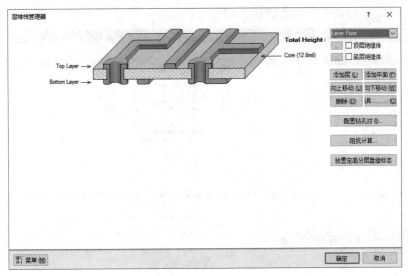

图 14-14　PCB 板层设置

执行菜单命令【设计】→【板参数设置】，设置 PCB 图纸属性，如图 14-15 所示。用户可以按照自己的设计习惯来设置图纸的尺寸以及网络的大小，一般不需要修改默认的图纸尺寸。

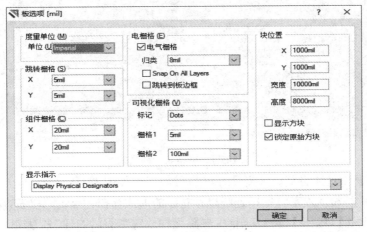

图 14-15　PCB 图纸属性设置

2. 装入网络表和元件封装

在载入原理图网络表前首先要在 PCB 编辑环境中加载元器件所需的引脚封装。将前面所建立的元件引脚封装"USB.PcbLib"加载到系统中来，并且还要加载"C:\PROGRAM FILES(X86)\ALTIUM DESIGNER 6\Library\Elantec\"目录下的"Elantec Video Sync Circuit.IntLib"。

接下来载入网络表，在 PCB 编辑系统中执行菜单命令【设计】→【Import Changes CH340 USB 转 TTL.PcbLib.PRJPCB】，弹出图 14-16 所示的网络表导入窗口，其中列出了所有的网络表加载项，执行【使更改生效】命令对所有的加载项进行验证，验证无误后执行【执行更改】命令加载网络表，加载完成后图 14-17 中"状况"状态栏中全部呈"√"状，表示加载正确无误，点击【关闭】按钮关闭该对话框。

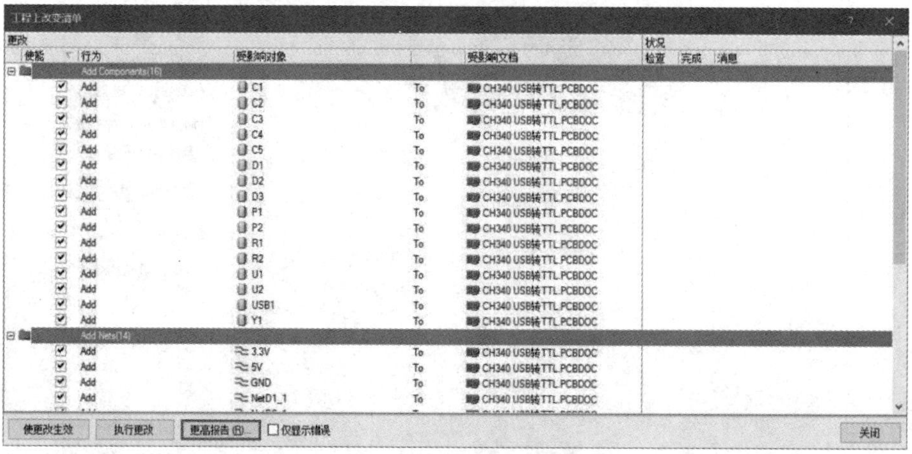

图 14-16　网络表导入窗口

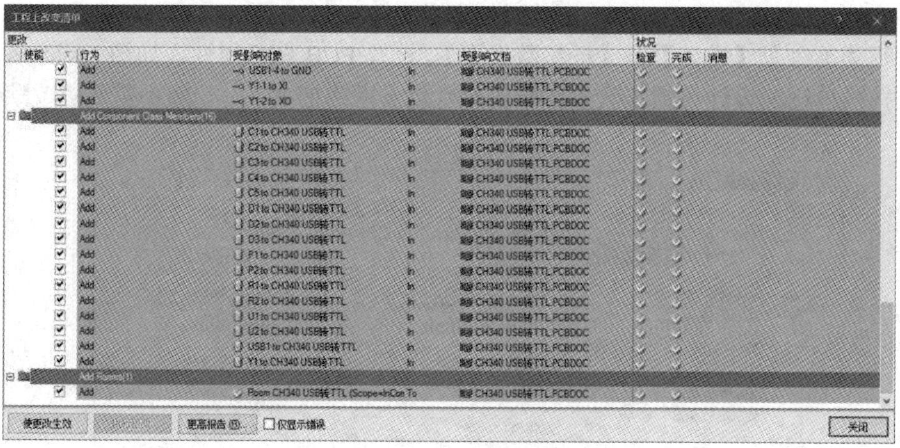

图 14-17　网络表加载完成

载入网络表和元件的引脚封装后的 PCB 编辑界面如图 14-18 所示，载入的元件引脚封装分布在 PCB 板框的右部，网络连线以预拉线的形式存在。点击选取右方的元件放置空间，并按键盘上的【Delete】键将其删除。删除元件放置空间后的 PCB 编辑界面如图 14-19 所示。

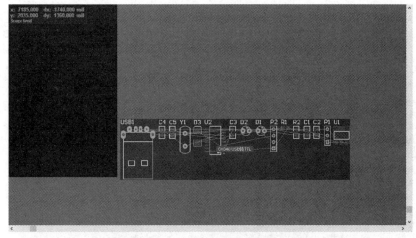

图 14-18　完成导入后的 PCB 编辑界面

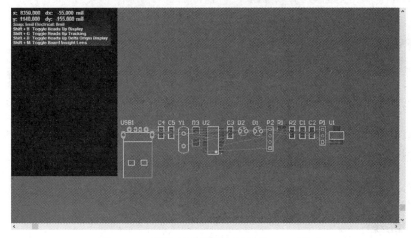

图 14-19　删除元件放置空间后的 PCB 界面

3. 元件的布局

本章实例由于元器件较少，手工布局非常方便，而且效果要比系统的自动布局好得多，所以在这里选择了手工布局。

为了便于该 USB 转串口电路后面的手工制板，这里将所有的贴片元件如贴片电阻电容等都放置在电路板的底层，而直插式元件放在电路板的顶层，这样做是为了使所有的焊盘均放置在底层，手工制板可以采用单面板制作。布局完成后的电路板如图 14-20 所示。

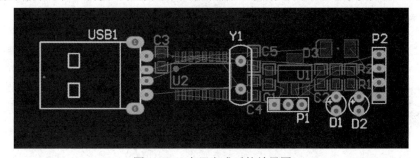

图 14-20　布局完成后的效果图

为了元件布局和布线时便于查看，隐藏电路板上的字符串信息可以使界面变得整洁清晰。点击编辑区域左下角的 ███ LS 按钮并切换到【显示/隐藏】选项卡，如图 14-21 所示，将【串】选项设置为"隐藏的"。

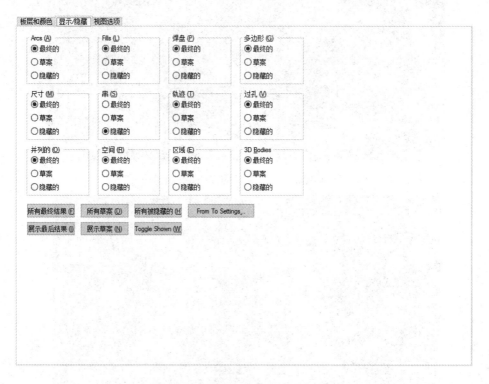

图 14-21   【显示/隐藏】选项卡设置

4. 自动布线

本实例电路简单，可以采用自动布线后手工修改的方式布线。布线规则的设置直接影响到系统布线的质量，所以首先对布线的设计规则进行设定，这里仅对走线宽度和间隔两个规则进行设定。由于要手工制板，腐蚀电路板时铜膜走线的宽度和间隔都不能太窄，这里将铜膜走线宽度首选为 22 mil，走线间隔则为最小 20 mil，分别如图 14-22 和图 14-23 所示。

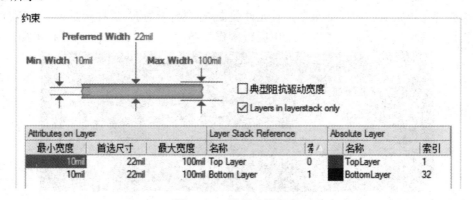

图 14-22   设置走线宽度

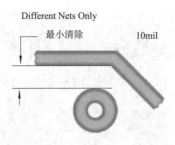

图 14-23　设置走线间距

　　自动布线还需对布线的范围进行设计，即在"Keep-Out Layer"绘制出一个封闭的走线区域。切换到"Keep-Out Layer"，执行【放置】→【走线】命令，绘制出一个封闭的区域，将所有元器件包括在内，如图 14-24 所示。

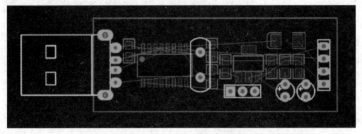

图 14-24　设置布线范围

　　执行菜单命令【自动布线】→【全部】，弹出如图 14-25 所示的布线策略选择窗口，选择其中的"Default 2 Layer Board"，即默认的布线策略，并点击下面的【Route All】按钮开始自动布线。自动布线成功后的电路板如图 14-26 所示，同时 Messages 面板显示自动布线的状态信息，布线结束后 Messages 面板的信息显示如图 14-27 所示。

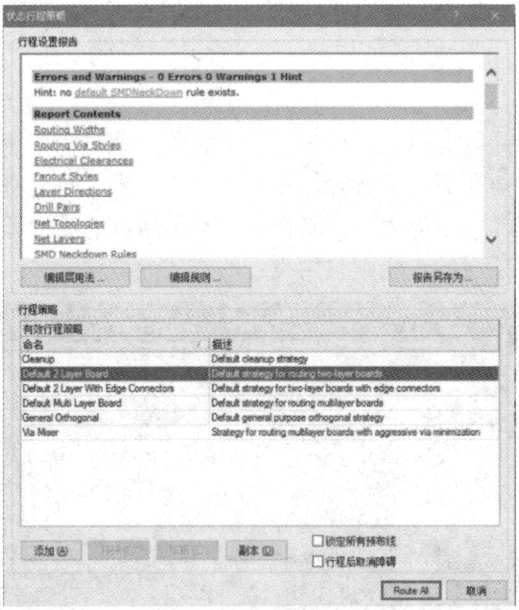

图 14-25　布线策略选择

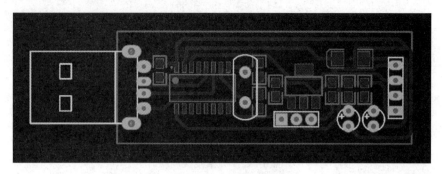

图 14-26　自动布线的 PCB 板

Class	Document	Sou...	Message	Time	Date	N...
Routin...	CH340 USB...	Situs	29 of 31 connections routed (93.55%) in 2 Seconds 1 contenti...	8:56:18	2016/9...	11
Routin...	CH340 USB...	Situs	30 of 31 connections routed (96.77%) in 3 Seconds 1 contenti...	8:56:19	2016/9...	14
Routin...	CH340 USB...	Situs	30 of 31 connections routed (96.77%) in 4 Seconds 1 contenti...	8:56:20	2016/9...	18
Routin...	CH340 USB...	Situs	Calculating Board Density	8:56:16	2016/9...	8
Situs E...	CH340 USB...	Situs	Completed Completion in 1 Second	8:56:16	2016/9...	15
Situs E...	CH340 USB...	Situs	Completed Fan out to Plane in 0 Seconds	8:56:16	2016/9...	4
Situs E...	CH340 USB...	Situs	Completed Layer Patterns in 0 Seconds	8:56:16	2016/9...	9
Situs E...	CH340 USB...	Situs	Completed Main in 2 Seconds	8:56:18	2016/9...	12
Situs E...	CH340 USB...	Situs	Completed Memory in 0 Seconds	8:56:16	2016/9...	6
Situs E...	CH340 USB...	Situs	Completed Straighten in 0 Seconds	8:56:20	2016/9...	17
Routin...	CH340 USB...	Situs	Creating topology map	8:56:16	2016/9...	2
Situs E...	CH340 USB...	Situs	Routing finished with 1 contentions(s). Failed to complete 1 co...	8:56:20	2016/9...	19
Situs E...	CH340 USB...	Situs	Routing Started	8:56:15	2016/9...	1
Situs E...	CH340 USB...	Situs	Starting Completion	8:56:18	2016/9...	13
Situs E...	CH340 USB...	Situs	Starting Fan out to Plane	8:56:16	2016/9...	3
Situs E...	CH340 USB...	Situs	Starting Layer Patterns	8:56:16	2016/9...	7
Situs E...	CH340 USB...	Situs	Starting Main	8:56:16	2016/9...	10
Situs E...	CH340 USB...	Situs	Starting Memory	8:56:16	2016/9...	5
Situs E...	CH340 USB...	Situs	Starting Straighten	8:56:19	2016/9...	16

图 14-27　布线信息

5. 手工修改布线

　　自动布线不可能做到尽善尽美，存在一些不完美的地方需要手工调整布线，经过手工修改后的 PCB 板如图 14-28 所示，去除了不少的冗余走线，而且将大多数的走线调整至底层，顶层没有走线。这样做是因为手工制作 PCB 单面板的难度远远低于双面板，这里将采用手工制作单面板，顶层的走线则采用飞线的方式完成。

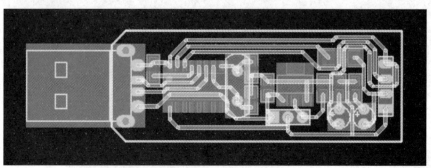

图 14-28　手工修改后的 PCB 板

14.6 PCB 设计的后续操作

电路板布线完毕后还有许多后续的工作要处理,比如定义电路板形状、敷铜、DRC 检查,如果要自己手工制作 PCB 电路板则还要将电路图打印出来。

1. 重新定义电路板形状

布线完成后电路板的尺寸大小也就确定了,下面重新定义电路板的形状。

切换到"Keep-Out Layer",用【放置】→【走线】命令根据实际电路板的尺寸重新绘出电路板的边界。用鼠标框选整个电路板区域,使板框内(包括 Keep-Out Layer 中的边界线)处于选中状态,如图 14-29 所示。执行菜单命令【设计】→【板子形状】→【按着选择对象定义】,则系统会根据绘制的板框边界线计算电路板的形状,执行完毕后的电路板如图 14-30 所示。

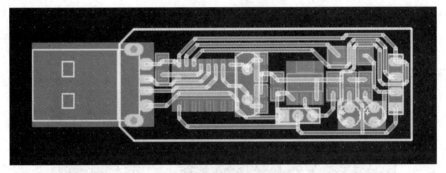

图 14-29 框选电路板区域

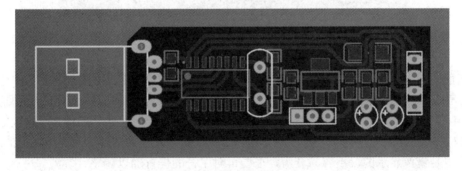

图 14-30 重新定义形状的 PCB 板

2. 敷铜

倘若是自己手工制作 PCB 电路板,则敷铜是必需的,因为手工制作 PCB 时需要腐蚀敷铜板,敷铜可以减小需要腐蚀的敷铜的面积,从而提高腐蚀的速度。由于是单面板制作,敷铜仅需在走线的板层即底层进行。切换到底层后执行【放置】→【多边形敷铜】命令,弹出如图 14-31 所示的敷铜属性设置对话框,在此选择实心式敷铜,并将敷铜连接到 GND 网络,确定后用鼠标沿着板框边界绘制敷铜的范围,系统会自动计算敷铜面积的大小。

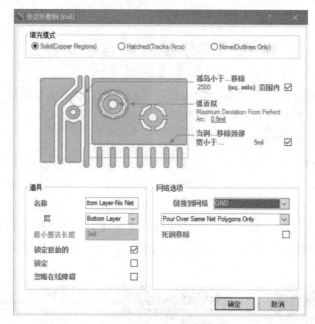

图 14-31　敷铜属性设置

敷铜完成后的效果图如图 14-32 所示。

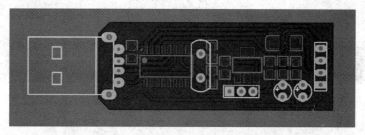

图 14-32　敷铜完成后的 PCB 板

3. 字符串信息整理

在前面的设计过程中为了更方便地观察元器件之间的电气关系，已经将字符串信息隐藏，但是在电路板制作过程中，这些信息又是必不可少的，字符串信息必须准确而且美观。在图 14-22 所示的【显示/隐藏】选项卡中将字符串显示，同时将敷铜隐藏，电路板的显示如图 14-33 显示。可见字符信息显得十分凌乱，并且由于元件大多是分布在电路板的底层，字符串也是镜像显示的，不容易分辨，需要再对字符的位置加以调整。

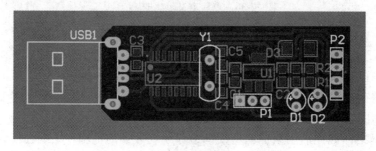

图 14-33　隐藏敷铜

字符串整理完毕后的电路板最终效果如图 14-34 所示，显然这样十分整洁漂亮。

图 14-34　最终 PCB 板

4. DRC 检查

接下来是对电路板进行 DRC 检查，以验证是否有违反设计规则的情况发生。执行菜单命令【设计】→【设计规则检查】，在弹出的对话框中点击【运行 DRC】按钮进行 DRC 校验，如图 14-35 所示。DRC 检查结果如图 14-36 所示，可见检查完全通过，没有违反设计规则的情况发生。至此，USB 转串口电路的 PCB 设计已经全部完成，可以直接将最终的"CH340 USB 转 TTL.PcbDoc"提供给 PCB 生产厂家制板，当然，用户若是想自己亲手制作电路板的话还得按照下面的步骤将 PCB 电路板文件打印出来。

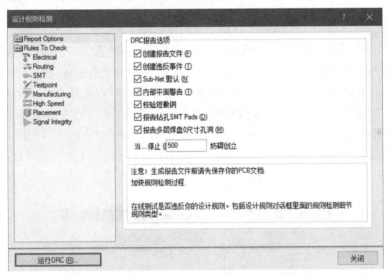

图 14-35　DRC 设计规则检查

Rule Violations	Count
Short-Circuit Constraint (Allowed=No) (All),(All)	0
Broken-Net Constraint ((All))	0
Clearance Constraint (Gap=10mil) (All),(All)	0
Width Constraint (Min=10mil) (Max=100mil) (Preferred=22mil) (All)	0
Height Constraint (Min=0mil) (Max=1000mil) (Prefered=500mil) (All)	0
Hole Size Constraint (Min=1mil) (Max=100mil) (All)	0
Total	0

图 14-36　DRC 检查结果

5. 打印电路

打印电路是为了将设计好的电路板在半透明的纸或胶片上打印出来，覆盖在感光电路板上使电路图转印到感光电路板上再进行腐蚀制板。由于是单面板，所以只需打印电路板底层的焊盘、导孔与铜膜走线的信息，而丝印层的信息是不用打印的。

先对打印【页面设置】进行设置，点击 进入打印预览，右击图纸，就能弹出【Composite Properties】对话框，如图 14-37 所示。将【刻度模式】改为"Scaled Print"，【刻度】为"1.00"，【颜色设置】为"Mono"。

图 14-37　【Composite Properties】对话框

执行菜单命令【文件】→【打印预览】进行打印属性设置，右击图纸，打开【配置】，由图 14-38 可知，系统默认是打印当前的所有页面，即 Top Overlay、Bottom Overlay、Top Layer、Bottom Layer、Mechanical 1、Multi-Layer。这里只需打印底层布线电路板，即 Bottom Layer。双击"MultiLayer Composite Print"栏，弹出图 14-39 所示的打印输出属性页，分别选中"Top Overlay""Bottom Overlay""Top Layer""Multi-Layer"等板层，点击下面的【移除】按钮将这些不用打印的板层删除。另外还要勾选【选项】区域的"显示孔洞"，"显示孔洞"是将电路板中的孔显示出来，便于制作时手工钻孔。设置完毕后的属性页如图 14-40 所示。

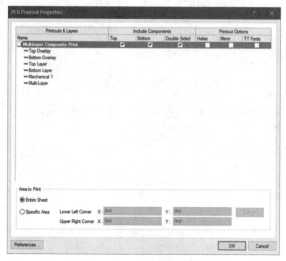

图 14-38　打印属性设置

图 14-39　打印输出属性

图 14-40　设置完成的打印输出属性

点击【确定】按钮返回到编辑页面，打印预览的效果如图 14-41 所示，没有错误的话即可点击【打印】按钮进行打印。

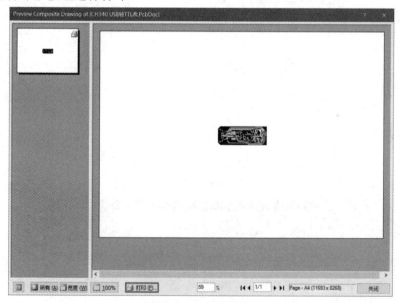

图 14-41　打印预览

6. 打印 PDF 文档

也可以将电路图打印成 PDF 格式后用于交流。执行菜单命令【文件】→【智能 PDF】启动智能 PDF 生成器。启动界面如图 14-42 所示，点击【下一步】按钮选择打印的范围及输出的路径，如图 14-43 所示，选择打印整个当前工程；在图 14-44 所示的界面中选择所需打印的文档，选择原理图和 PCB 文档均打印；在图 14-45 中进行 PCB 打印输出设置；图 14-46 则是进行附加 PDF 的设置，在图 14-47 中进行构建设置；PDF 设置的最终页面如图 14-48 所示，选择输出后打开 PDF 文件。

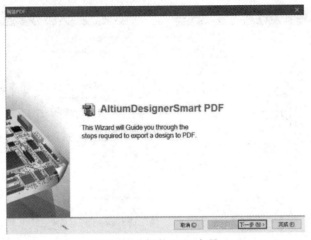

图 14-42　智能 PDF 向导

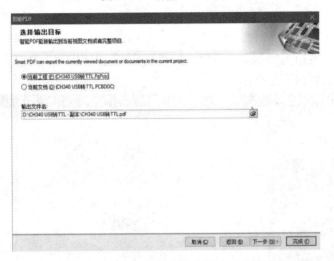

图 14-43　打印范围

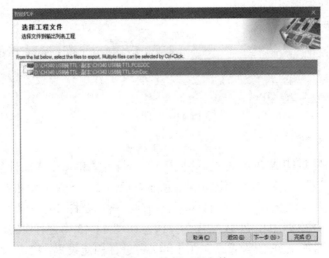

图 14-44　选择工程文件

图 14-45　PCB 打印输出设置

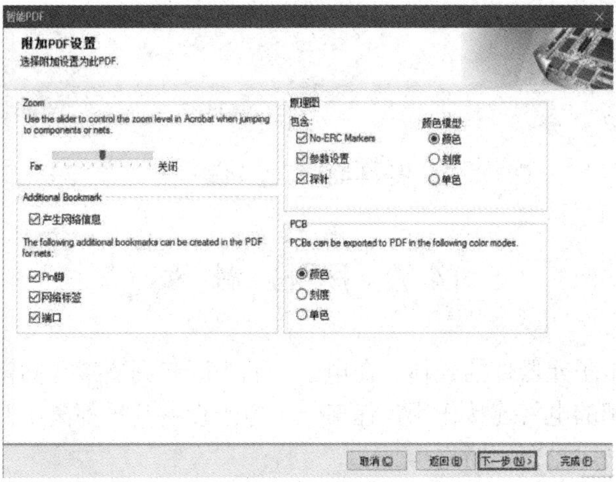

图 14-46　附加 PCB 设置

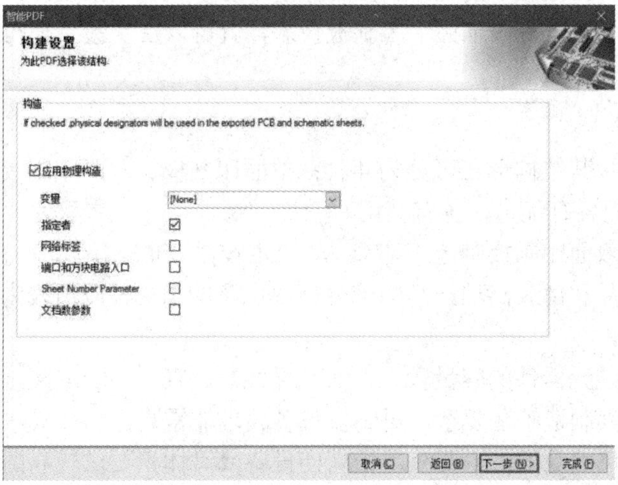

图 14-47　构建设置

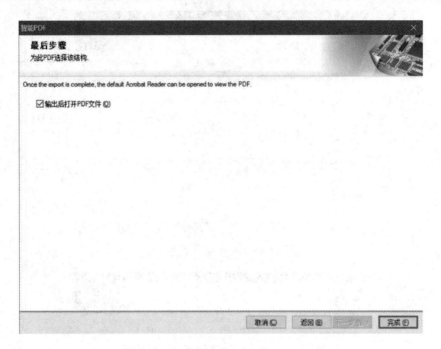

图 14-48　设置完成

14.7　PCB 制板

印制电路板是电子元器件的载体，在电子产品中既起到支撑与固定元器件的作用，同时也起到元器件之间的电气连接作用，任何一种电子设备几乎都离不开电路板。随着电子技术的发展，制板技术也在不断进步。

制板技术通常包括电路板的设计、选材、加工处理 3 部分，其中任何一个环节出现差错都会导致电路板制作失败。因此，掌握制板技术对于从事电子设计的工作者来说很有必要，特别是对本科学生来说，掌握手工制板技术，就可以在实验室把自己的创作灵感迅速变成电子作品。

1. 电路板简介

电路板的种类按其结构形式可分为 4 种：单面印制板、双面印制板、多层印制板和软印制板。4 种印制板各有优劣，各有其用。

单面印制板和双面印制板制造工艺简单、成本较低、维修方便，适合实验室手工制作，满足中低档电子产品和部分高档产品的部分模块电路的需要，应用较为广泛，如电视机主板、空调控制板等。

多层印制板安装元器件的容量较大，而且导线短、直，利于屏蔽，还可大大减小电子产品的体积。但是其制造工艺复杂，对制板设备要求非常高，制作成本高且损坏后不易修复。因此，其应用仍然受限，主要应用于高档设备或对体积要求较高的便携设备，如电脑主板、显卡、手机电路板等。

软印制板包括单面板和双面板两种，它的制作成本相对较高，并且由于其硬度不高，不便于固定安装和焊接大量的元器件，通常不用在电子产品的主要电路板中，但由于其特有的软度和薄度，给电子产品的设计与使用带来了很大的方便。目前，软印制板主要应用于活动电气连接场合和替代中等密度的排线(如手机显示屏排线、MP3、MP4 显示屏排线等)。

电路板由电路基板和表面敷铜层组成，用于制作电路基板的材料通常简称为基材。将绝缘的、厚度适中的、平板性较好的板材表面采用工业电镀技术均匀地镀上一层铜箔后便成了未加工的电路板，又叫"敷铜板"，如图 14-49 所示。在敷铜板铜箔表面贴上一层薄薄的感光膜后便成了常用的"感光板"，如图 14-50 所示。不论是敷铜板还是感光板，其基材的好坏都直接决定了制成电路板的硬度、绝缘性能、耐热性能等，而这些特性又往往会影响电路板的焊接与装配，甚至影响其电气性能。因此，在制作印制电路板之前，首先必须根据实际需要选择一种合适的基材制成的敷铜板或感光板。

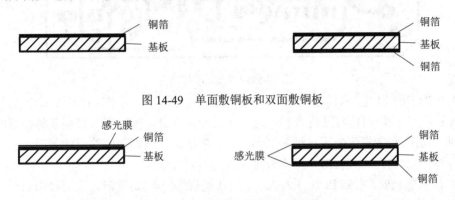

图 14-49　单面敷铜板和双面敷铜板

图 14-50　单面感光板和双面感光板

高压电路应选择高压绝缘性能良好的电路基板；高频电路应选择高频信号损耗小的电路基板；工业环境电路应选择耐湿性能良好、漏电小的电路基板；低频、低压电路及民用电路应选择经济型电路基板。

实验室用的单面感光板的基板一般采用环氧-芳族聚酰胺纤维材料制成。该类型基板绝缘性较好、成本低、硬度高、合成工艺简单、耐热、耐腐蚀，尺寸通常为 15 cm × 10 cm，但该基板较脆、易裂，裁切时要小心操作。

双面感光板基板通常为环氧-玻璃纤维材料，该类型基板柔韧性好、硬度较高、介电常数高、成本低，尺寸通常为 15 cm × 10 cm，但其导热性能较差。

2. 制板技术简介

制板技术是指依据 PCB 图将敷铜板加工成电路板的技术。按照制板方法的不同，制板技术大致可分为手工制板和工业制板。这里主要讲解一下手工制板技术。

手工制板技术主要指借助小型的制板设备，使用敷铜板或感光板依照 PCB 图加工成印制电路板的技术。该技术容易掌握，耗材少、成本低、速度快，且不受场地限制，但由于其不适合批量加工，精度偏低，因此这种技术主要应用于学校制作实验板。下面介绍几种常用的手工制板方法。

1) 多功能环保型快速制板系统制板

多功能环保型快速制板系统是一种集单面和双面板曝光、显影、蚀刻、过孔于一体的快速制板系统。使用该系统制板具有操作简便、制作速度快、成功率高、环保无污染等几大优点。使用该设备制板一般采用感光板，其主要操作流程如下：

(1) 打印 PCB 图。用黑白激光打印机将 PCB 图以 1∶1 的比例打印在菲林纸上，如图 14-51 所示。单面板打印一张，即底层(BottomLayer)和多层(MultiLayer)；双面板需打印两张，一张为底层(BottomLayer)和多层(MultiLayer)，另一张为顶层(TopLayer)和多层(MultiLayer)，其中打印顶层时需选择镜像打印。

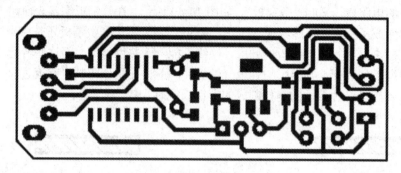

图 14-51　单面板菲林图

(2) PCB 图纸对孔。双面板需将打印了顶层图和底层图的两张菲林纸裁剪合适(每边多留 2 cm 左右)，打印面相对朝内合拢，对着光线校准焊盘，使顶层和底层菲林图纸的焊盘重合，并用透明胶带将两张菲林纸粘贴到一起，粘贴时应粘相邻两边或两条窄边和一条长边，粘好后再次进行仔细校对，单面板则无需进行对孔操作。

(3) 裁剪感光板。根据 PCB 图的大小，用裁板机(图 14-52)或锯条等工具切割一块大小合适的感光板(板面大小以每边超出 PCB 图中最边沿信号线 5 mm 左右为宜)。

图 14-52　裁板机

(4) 感光板曝光。

① 单面板曝光时，开启曝光机电源开关，抽出曝光抽屉并打开盖板，撕去感光板的保护膜，将感光板放在抽屉玻璃板中心，使涂有深绿色感光剂的一面朝上，然后将菲林纸的黑色图面朝向感光板铺好，并使该图位于板面中心，如图 14-53 所示。

图 14-53 感光板示意图

盖上抽屉盖板，按下曝光机面板上的"真空"按钮，待抽屉中图纸和感光板基本吸紧后将抽屉推入到底。旋转下曝光机上的"上灯"旋钮开始曝光，显示曝光时间处会显示曝光倒计时间，曝光时间可以调节。AM-DF8 多功能环保制板机面板如图 14-54 所示。

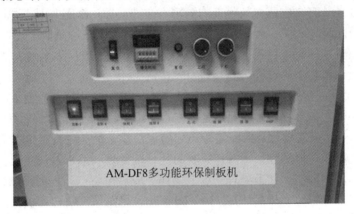

图 14-54 多功能环保制板机面板

② 双面板曝光时，开启曝光机电源开关，抽出曝光抽屉并打开盖板，撕去感光板两面的保护膜，将感光板塞入已贴好的两张菲林纸中的适当位置(所有线路均在感光板范围内并居中)。将感光板连同菲林纸一起置于曝光抽屉已打开的玻璃板中心位置，盖上抽屉盖板，关上左右铁栓。按下曝光机面板上的"真空"按钮，待抽屉中图纸和感光板基本吸紧后将抽屉推入到底。旋转一下曝光机上的"上灯"和"下灯"旋钮开始曝光，显示曝光时间处会显示倒计时间，曝光时间可以调节。

(5) 感光板显影。感光板显影是使曝光的感光膜脱落并保留有电路线条部分的感光膜。感光板曝光结束后，抽出曝光机抽屉，弹起"真空"按钮，打开抽屉铁栓，取出感光板，撕去菲林纸，在感光板边角位置钻一个 1.5 mm 的孔，将绝缘硬质导线穿过此孔，拴住感光板并放入显影槽中进行显影。然后，打开制板机的"显影加热"和"显影气泡"开关，可加快显影速度，提高显影效果。每隔 30 s 将感光板取出观察，待感光板上留下绿色的线路，其余部分全部露出红色的铜箔，表示显影完毕。显影完毕后应立即用清水冲洗板面残留的显影液，不得用任何硬物擦洗显影及蚀刻槽，如图 14-55 所示。

图 14-55　显影及蚀刻槽

　　(6) 蚀刻感光板。蚀刻感光板就是使没有感光膜保护的铜箔腐蚀脱落，留下有感光膜保护住的铜箔线条。有绿色感光剂附着的铜箔不会被腐蚀，裸露的铜箔则被蚀刻液腐蚀脱落。感光板开始蚀刻时，拿住拴板的细导线，将电路板浸没在蚀刻液中进行腐蚀，每 3 min 左右拿出来观察一次，待电路板上裸露的铜箔全部腐蚀完毕即可。注意，操作时应防止电路板掉入蚀刻槽内，如不需过孔可直接进行第(8)步操作。

　　(7) 过孔。过孔是将电路板的孔壁均匀地镀上一层镍，使电路板上下两层线路连通。将蚀刻好的电路板用清水冲洗后晾干，使用防镀笔在电路板表层涂抹防镀液。涂完后烘干，重复涂抹烘干 3 次，使防镀层达到一定厚度。防镀液烘干后先进行第(8)步钻孔操作，完成后用清水冲洗电路板，再进行如下操作：表面处理剂处理→清水冲洗→活化处理→清水冲洗→剥膜处理→清水冲洗→镀前处理。以上操作完成后可将电路板用绝缘细线拴住，置于过孔槽中进行镀镍。镀镍完毕后(约需 30~60 min)，用清水冲洗电路板并晾干，再将电路板表面均匀涂抹一层酒精松香溶液即可。至此，电路板制作完毕。

　　(8) 钻孔。钻孔是将蚀刻好的电路板洗净、擦干，用台钻钻好焊盘中心孔、过孔及安装孔。注意钻孔时要确保钻头中心和孔中心对准。台钻钻孔机如图 14-56 所示。

图 14-56　台钻钻孔机

(9) 电路板线路处理。电路板线路处理是指除去线路表面的感光膜，防止铜箔氧化，进行电路板线路处理时用海绵沾上适量的酒精，擦拭电路板表面，待绿色感光膜全部溶解，露出红色的铜箔线路即可。为防止铜箔氧化，可在电路板表面均匀地涂抹一层酒精松香溶液。

2) 感光板简易制板法

感光板简易制板法速度快、耗材少、成本低、制作工艺简单，可用来制作单面板和双面板，但不能过孔。该方法使用的化学药剂腐蚀性较强，制板过程中需要带橡胶手套，并需防止化学药剂溅到皮肤或衣物上。感光板简易制板法的具体步骤如下：

(1) 打印 PCB 图并进行 PCB 图对孔、裁板、曝光等操作。这些操作使用的设备和方法与前面多功能环保制板机制板流程(1)一致。

(2) 显影操作。用自配的 NaOH 溶液显影，使感光膜上已曝光的感光膜脱落。带上橡胶手套用手握住感光板，浸没在 NaOH 溶液中，左右晃动，并实时观察显影情况。待感光板上只剩下绿色的线路，露出红色的铜箔即可，然后将电路板取出，用清水冲洗。

(3) 蚀刻操作。将电路板上露出的铜箔在酸液中腐蚀掉，留下感光膜保护住的线路。该步骤采用的是浓盐酸、过氧化氢和清水的混合酸溶液(1∶1∶3)。此溶液腐蚀性极强，进行蚀刻时要带好橡胶手套，再将电路板握住并置于配好的腐蚀液中进行蚀刻。蚀刻时要一直观察蚀刻情况，待红色铜箔完全蚀刻脱落，取出电路板，用清水冲洗后晾干。

(4) 钻孔操作。钻好电路板上的焊盘中心孔、过孔和安装孔。该步骤与前面多功能环保制板机制板流程(8)一致。

(5) 电路板线路处理。该步骤与前面多功能环保制板机制板流程(9)一致。

14.8　装配、调试与测试

在 PCB 设计与制作之后，接下来的工作就是对 PCB 进行焊接、分机调试、系统组装与系统联调。调试工作应按以下步骤进行：

(1) 外观检查。根据原理图和装配进行检查，检查是否有漏焊、虚焊、错焊等。

(2) 用万用表检查电源是否短路，负载是否开路或者短路。

(3) 通电检查。在上述两步检查无误后，才能进行通电检查，产品通电后要测试各级静态工作点是否正常。

(4) 调试。调试时应先调试各部件、各分机，然后整机联调。

(5) 测试技术指标。在测试技术指标之前，先要熟悉测量方法和仪器的正确使用方法。

习　题　14

将 PL2303 的 USB 转 TTL 电路。

(1) 根据图 14-57 所示的电路，上网查找资料，绘制电路元件的原理图和封装；

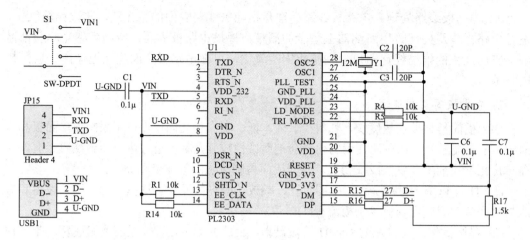

图 14-57　PL2303 的 USB 转 TTL 电路

(2) 绘制原理图，导入 PCB 中绘制的 PCB 图；

(3) 购买元件，运用手工制板制作印制电路板。

第 15 章　电子技能应用电路制作

15.1　光电开关的制作

光电开关的核心是光敏电阻器与晶体三极管,光敏电阻器的电性能在 1.3 节中讲述过,现先用其与三极管组成光电开关电路进行实验制作。

1. 实训电路

本制作的电路如图 15-1 所示,该电路中的光敏电阻是一种能将光转换成电信号的传感器,三极管工作在开关状态,其开或关的状态由光敏电阻器的感光强弱所决定。

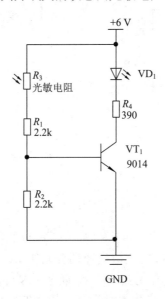

图 15-1　光电开关电路图

2. 工作原理

图 15-1 中三极管 9014 采用分压式偏置电路,上偏置由光敏电阻器 R_3 与电阻器 R_1 串联而成,R_1 作用是防止光敏电阻器在强光照射时超过其额定功率,需限制三极管的基极电流不至于过大。R_2 为下偏置电阻,使光电开关电路工作可靠。

3. 调试

电路焊接完毕后,应用自制的可调式直流稳压电源调节成 6 V 输出,再按"正、负"正确接法将本制作接上工作电源。调试时,用不透光的笔帽或其他物件罩住光敏电阻器,红色发光二极管不亮；当移去遮光物时，红色发光二极管点亮，说明电路实验成功。

15.2　简易信号发生器的制作

在一些电子设备的维修中，常用到信号发生器，多谐振荡器就是检修收音机、电视机等电器电路中的简单实用的信号发生器。使用时通过电容器串联一根导线，从其中一个三极管的集电极，将矩形脉冲信号接至被测电路的输入端。

1. 电路结构与工作原理

自激多谐振荡器是一种阻容耦合式的矩形波发生器，矩形波含有丰富的奇次谐波，多谐振荡器由此得名。图 15-2(a)是带有两个交替闪亮发光二极管的晶体管多谐振荡器的电路图，由于电路的元器件左右对称，因此每只发光二极管亮与灭的时间也相等。该振荡器由两级倒相放大器及相互间用电阻器、电容器耦合在一起形成的正反馈环路而构成。倒相放大器 1 由晶体管 VT_1、负载发光二极管 VD_1、限流电阻 R_1、耦合元件 R_2 以及 C_1 组成；同样倒相放大器 2 由 VT_2、VD_2、R_4、R_3 以及 C_2 组成。

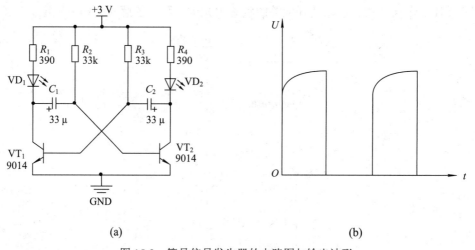

(a)　　　　　　　　　　　　　　(b)

图 15-2　简易信号发生器的电路图与输出波形

倒相放大器 1 的输出端 VT_1 的集电极经耦合元件 R_2、C_1 与倒相放大器 2 的输入端 VT_2 的基极相连；同样 VT_2 输出信号经 R_3、C_2 耦合至 VT_1 的信号输入端，形成两级倒相放大器相互之间强烈的正反馈，产生自激振荡，使 VT_1、VT_2 轮流饱和和截止，使 VD_1 和 VD_2 交替点亮和熄灭。如用示波器观测 VT_1、VT_2 集电极输出信号的波形，是占空比为 1:1 的矩形波，见图 15-2(b)。R_3、C_2 和 R_2、C_1 的时间常数决定多谐振荡器振荡的周期或频率。即

$$T_1 = R_3C_2\ln2 = 0.7R_3C_2$$
$$T_2 = R_2C_1\ln2 = 0.7R_2C_1$$
$$T = T_1 + T_2 = 0.7(R_3C_2 + R_2C_1)$$

若 R_3、C_2 与 R_2、C_1 不等，将产生在同一周期内两个宽度不等的矩形波，使发光二极管亮灭时间不再均等。

2. 制作与调试

先用万用表测量、选择符合图 15-2(a)要求的元器件，判定发光二极管的正、负极，判定晶体三极管的 E、B、C 极。

准备好一台直流稳压电源，输出为 3 V，亦可用图 15-12 所制作的直流稳压电源，调至 3 V 使用。

VT_1、VT_2 可选用 9013、9014 或开关管 3DK 等，三极管的电流放大系数 hFE 应大于60，电源为 3 V 电池，其他元件参数如图 15-2 所标。

电路焊接完毕检查无误后，可接通电源进行调试，当电路起振后，三极管的 U_{CE} 应在 0.5～1.5 V 之间摆动，周期约为 1.5 s。两只发光二极管轮番饱和、截止，交替发光。发光二极管交替点亮，产生闪烁灯效果，可激发初学者对电子的学习兴趣。

15.3　闪光"夜明珠"的制作

"夜明珠"能够在黑暗之中指示出灯光开关、门铃开关或门闩等的位置，可以引导人们很容易地打开走廊或房间内的照明电灯，或按响门铃、打开门锁等。由于"夜明珠"具有光控功能，当环境光线明亮时，它会自动熄灭，既节电，又有趣。

1. 电路原理

闪光"夜明珠"的电路见图 15-3。VT_1、VT_2 与光敏电阻器 R_G、偏流电阻器 R、正反馈电容器 C 等组成光控式自激多谐振荡电路，驱动发光二极管 LED 在黑暗中一闪一闪地发光。

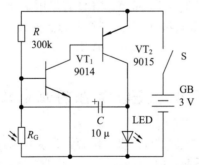

图 15-3　闪光"夜明珠"电路

白天，光敏电阻器 R_G 受光线照射呈低电阻值，电源 GB 大部分电压降落在电阻器 R 两端。此时，晶体管 VT_1 的基极电位小于等于 0.65 V，VT_1 处于截止状态，VT_2 因无偏流亦处于截止状态，发光二极管 LED 无工作电流而不发光。天黑时，R_G 失去外界光线照射呈高电阻值，VT_1 的基极电位大于等于 0.65 V，从而使 VT_1 和 VT_2 相继进入导通状态，LED因流过电流而发光。与此同时，GB 通过 VT_1 的发射结和 VT_2 的导通回路对电容器 C 进行反向充电，充电极性为右正左负。充电电流促使 VT_1 进一步导通、VT_2 进入深度饱和状态。随着充电的进行，VT_1 的基极电位逐渐下降，当下降到 0.65 V 以下时，VT_1 和 VT_2 失去合适偏流而转入截止状态，LED 无工作电流而不再发光。此后，C 通过 R 等放电，并正向充电，充电极性为左正右负。随着正向充电过程的进行，VT_1 的基极电位又逐渐上升，并使 VT_1 和 VT_2 由截止重新变为导通状态。这样周而复始，由于 C 的充电和放电，导致 VT_1 和 VT_2 的不断导通和截止，使 LED 发出闪光。

电路中，振荡频率主要取决于时间常数 t，$t = RC$，故增减 R 的阻值或 C 的容量就可以改变 LED 的闪烁频率。由于光控灵敏度主要取决于 R 和 R_G 对电源 GB 的分压，故增减 R 的阻值还可同时改变电路的光控灵敏度。

2. 安装调试

制作好的"夜明珠"，一般不用调试便可投入使用。如果 LED 闪烁发光的速度太慢(或太快)，可适当减小(或增大)C 的容量来加以调整。如果天阴或天还没有完全黑下来时，"夜明珠"就已闪烁发光，除了需检查 R_G 的亮电阻是否符合要求外，还可适当增大 R 的阻值来加以调整。R 取值范围一般在 200～510 kΩ 之间。

"夜明珠"正常工作时，LED 呈现闪烁状态。若想让 LED 渐明渐暗地闪烁，可在 VT_2 基极和发射极之间并联一只 47 μF 或 100 μF 的电解电容器。连接时，电容器正极接 VT_2 的发射极，负极接 VT_2 的基极，注意不要接错极性。

实际使用时，将"夜明珠"固定在楼道照明电灯壁开关或房间照明电灯壁开关、门铃按钮开关、门锁等的旁边，在漆黑的夜晚它便会向人们准确无误地指示出目标的具体位置来。

由于"夜明珠"白天不闪烁发光时的静态总电流小于 10 μA，晚上工作时的最大脉冲电流也不超过 40 mA，所以用电节省；每换两节新的普通干电池，一般可用两个多月。当"夜明珠"闪烁光变暗时，说明电池电能不足，应及时更换新的同规格干电池。

3. 元件选用

三极管 VT_1 选用 9014；VT_2 选用 9015。LED 宜选用 ϕ5 mm 高亮度发光二极管，颜色根据个人喜好自定；R_G 选用 MG44-03 型塑料树脂封装的光敏电阻器，也可以用亮阻小于 5 kΩ、暗阻大于 1 MΩ 的光敏电阻器代替；GB 用两节 5 号干电池。

15.4 LED 音乐闪烁电路

LED 音乐闪烁电路主要由拾音器(驻极体电容器话筒)、晶体管放大器和发光二极管等构成。当我们讲话或者放音乐时，LED 便会一闪一闪地发光，非常有趣，可将其放在音箱前面，给音箱添加色彩。

1. 电路原理

LED 音乐闪烁电路如图 15-4 所示。静态时，VT_1 处于临界饱和状态，使 VT_2 截止，LED_1 和 LED_2 皆不发光，R_1 给驻极体话筒 BM 提供偏置电流，话筒拾取室内环境中的声波信号后即转为相应的电信号，经电容 C_1 送到 VT_1 的基极进行放大，VT_1、VT_2 组成两级直接耦合放大电路，只要选取合适的 R_2、R_3，使无声波信号时，VT_1 处于临界饱和状态，而使 VT_2 处于截止状态，两只 LED 中无电流流过而不发光。当 BM 拾取声波信号后，就有音频信号注入 VT_1 的基极，其信号的负半周使 VT_1 退出饱和状态，VT_1 的集电极电压上升，VT_2 导通，LED_1 和 LED_2 点亮发光。当输入音频信号较弱时，不足以使 VT_1 退出饱和状态，

LED$_1$ 和 LED$_2$ 仍保持熄灭状态，只有较强信号输入时，发光二极管才点亮发光。因此，LED$_1$ 和 LED$_2$ 能随着环境声音(如音乐、说话)信号的强弱起伏而闪烁发光。

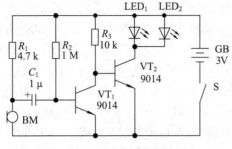

图 15-4　LED 音乐闪烁电路

2. 安装调试

(1) 按原理图画出装配图，然后按装配图进行装配。

(2) 注意三极管的极性不能接错，元件排列整齐、美观。

(3) 通电后先测 VT$_1$ 的集电极电压，使其在 0.2～0.4 V 之间，如果该电压太低，则施加声音信号后，VT$_1$ 不能退出饱和状态，VT$_2$ 则不能导通；如果该电压超过 VT$_2$ 的死区电压，则静态时 VT$_2$ 就导通，使 LED$_1$ 和 LED$_2$ 点亮发光。所以，对于灵敏度不同的电容话筒，以及 β 值不同的三极管，VT$_1$ 的集电极电阻 R_3 的大小要通过调试来确定。

(4) 离话筒约 0.5 m 距离，用普通声音(音量适中)讲话时，LED$_1$、LED$_2$ 应随声音闪烁。如需大声说话时发光管才闪烁发光，可适当减小 R_3 的阻值，也可更换 β 值更大的三极管。

3. 元件选用

BM 选用驻极体话筒；LED 可以选用高亮 LED，如果要将多种不通颜色的 LED 接上去，应该在每个 LED 上串联一个几百欧姆的电阻，所有的 LED 才能正常发光，否则只有压降小的 LED 发光。

15.5　LED 循环灯的制作

本电路是由 3 只三极管组成的循环驱动电路，将 LED 装成一个环形，通电 LED 的点亮呈现转动状态，十分漂亮。

1. 电路原理

LED 循环灯电路如图 15-5 所示。

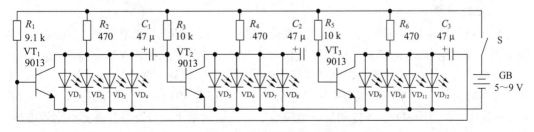

图 15-5　LED 循环灯电路

当电源接通时，3 只三极管会争先导通，但由于元器件存在差异，只会有 1 只三极管最先导通。这里假设 VT_1 最先导通，则 VT_1 集电极电压下降，使得电容 C_2 的左端电压下降，接近 0 V。由于电容两端的电压不能突变，因此此时 VT_2 的基极也被拉到近似 0 V，VT_2 截止，VT_2 的集电极为高电压，故接在它上面的发光二极管 VD_5～VD_8 被点亮。此时 VT_2 的高电压通过电容 C_3 使 VT_3 基极电压升高，VT_3 也将迅速导通，因此在这段时间里，VT_1、VT_3 的集电极均为低电压，因此只有 VD_5～VD_8 被点亮，VD_1～VD_4、VD_9～VD_{12} 熄灭。但随着电源通过电阻 R_3 对 C_2 的充电，VT_2 的基极电压逐渐升高，当超过 0.7 V 时，VT_2 由截止状态变为导通状态，集电极电压下降，VD_5～VD_8 熄灭。与此同时，VT_2 的集电极下降的电压通过电容 C_3 使 VT_3 的基极电压也降低，VT_3 由导通变为截止，VT_3 的集电极电压升高，VD_9～VD_{12} 被点亮。接下来，电路按照上面叙述的过程循环，3 组 12 只发光二极管便会被轮流点亮。

2. 安装调试

将这些 LED 均匀地排列呈一个圆形，安装在电路板上，如图 15-6 所示，通电后 LED 便会不断地循环发光，达到流动的效果。改变电容 C_1、C_2、C_3 的容量可以改变循环速度，容量越小，循环速度越快。电源使用两节 5 号干电池即可。

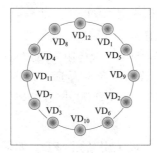

图 15-6　LED 排列图

3. 元件选用

元件没有特殊要求，按电路标注选择便可，LED 要统一选用一种颜色的，用普亮或高亮的都可以。

15.6　水开报警器

在我们烧开水的时候，经常会遇到水烧开后甚至烧干了却忘记关火，这样既浪费资源又不安全。这里介绍一种水开报警器，很适合家庭使用。

1. 电路原理

水开报警器电路如图 15-7 所示，三极管 VT_2、VT_3、电阻 R_2 和电容 C_2 等组成一音频振荡器，改变电容 C_2 的容量，可以改变振荡器音调的高低。三极管 VT_1 及电阻 R_1、二极管 VD 等组成一电子开关电路，控制振荡电路的工作。二极管 VD 由插头引出，作为感温元件，同时也相当于 VT_1 的偏置电阻。在常温下，二极管 VD 处于反偏而截止，使三极管 VT_1 也截止。温度升高时，VD 的反向电阻变小，漏电流增大。当温度升高到一定程度时，三极管 VT_1 达到一定偏压而导通，电源经三极管 VT_1 加至音频振荡电路，振荡器起振，扬声器发出报警声。因此，只要设法将 VD 放在水壶壶嘴内，调整电阻 R_1 的值，使得壶水在烧开时，VT_1 导通，电路起振，扬声器则发出报警声。

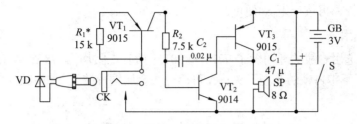

图 15-7　水开报警器电路

2. 安装调试

安装时，将 VD 置于一个长度和粗细合适且一端封闭的铜管内，并注意两者的绝缘，管脚通过引线接到插头上。

装配无误后，就可以开始调试了。先将三极管 VT_1 的 E、C 极短接，调整电阻 R_2 的值，使音频振荡器起振，然后将组装好的传感头(VD)插入开水中，调整电阻 R_1 的值，使三极管 VT_1 导通，音频振荡电路工作，扬声器即可发声。

3. 元件选用

三极管 VT_1～VT_3 选用一般通用的晶体管；二极管 VD 可以用 IN4148；扬声器选用 0.5 W 的便可。

15.7　触摸式报警器

触摸式报警器电路平时是不工作的，而一旦触发即会发出报警声，直至有人前来关闭方可解除报警。

1. 电路原理

触摸式报警器电路如图 15-8 所示。三极管 VT_1 和 VT_2 等组成模拟开关电路，平时两管处于截止状态，当有人触及金属板 A 时，两管就迅速导通。

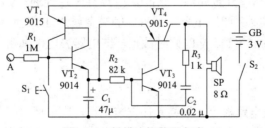

图 15-8　触摸式报警器电路

三极管 VT_3 和 VT_4 等组成互补音频振荡器，当 VT_1 和 VT_2 管截止时，振荡器停振。VT_1 及 VT_2 管一旦导通，振荡器立即起振，扬声器会马上发出持续不断的报警声。

按钮开关 S_1 为报警解除开关，当 S_1 按下后，三极管 VT_1 和 VT_2 截止，振荡器也停止振荡。

2. 安装调试

将元件安装在一小块电路板上，闭合开关 S_2 通电，触摸一下 A 端，便可发出报警声。如果要解除报警，再按一下 S_1 便可。

3. 元件选用

三极管可选用一般的通用管子 9014 和 9015；所有电阻均为 1/8 W 或 1/4 W 普通电阻；开关 S_1 用常开不带自锁的小型开关；A 可用一块金属铜片装于门框或窗户框处。

15.8　触摸式电器开关

利用触摸式电器开关电路，可通过触摸的方式控制用电器的开与关，电路简单，容易制作。

1. 电路原理

触摸式电器开关电路如图 15-9 所示。

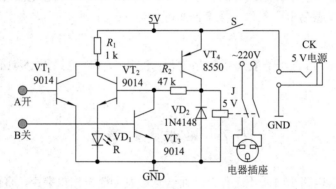

图 15-9　触摸式电器开关电路

开始通电时，由于继电器不吸合，电器电源回路未接通而不工作。当用手指接触金属片 A 时，人体感应信号加至 VT_1 基极，令其导通。R_1 获得压降，使 VT_4 正偏导通，继而 VT_2 导通，LED 点亮，同时继电器 J 得电动作。其常开触点吸合，接通电器电源回路，电器开始工作。此时，手指离开金属触片 A，由 R_2 维持 VT_2 导通，VT_2、VT_4 构成自锁电路，继电器维持吸合。当需要关闭用电器时，只要触摸金属片 B，使 VT_3 导通，此时相当于 VT_2 基极对地短路。因此 VT_2、VT_4 同时截止，继电器失电，其常开触点释放，从而切断电器供电电源。

2. 安装调试

将电路安装在一块电路板上，只要元件安装无误，通电便可工作。可将此电路装于电器内，用导线将 A、B 端接出到机壳上，为了美观，可以用图钉或者其他金属物安装在机壳上代替触摸点。

3. 元件选用

所需元件按照电路图中的标注选择，继电器可根据用电器的功率选择触点电流合适的即可。

15.9　电子驱蚊器

　　咬人的蚊子一般都是怀卵的雌蚊，雄蚊并不咬人。而雌蚊在怀卵期间又不喜欢与雄蚊接近，它们一感觉到雄蚊所发出的频率在 21～23 kHz 的超声波信号，就会避而离去。利用该电子驱蚊器，使其发出模拟雄蚊的超声波，从而可驱逐雌蚊，避免人被蚊子叮咬。

1. 电路原理

　　图 15-10 是一个可以产生 21～23 kHz 的超声波电子驱蚊器电路。闭上电源开关 S，发光二极管 LED 指示工作信号。单结晶体管 VT_1 与电阻 R_1、电位器 R_P 及电容 C_1 组成一个超声波振荡电路。电源 GB 经 R_P、R_1 向电容 C_1 充电，当充电达峰点电压时，单结晶体管 VT_1 开启，并经电阻 R_3 放电，当 C_1 两端的电压下降到峰点以下时，单结晶体管 VT_1 截止。如此反复充电放电，产生振荡。调节电位器 R_P 能改变振荡频率，使之在 21～23 kHz 左右。该振荡信号经电容 C_2 耦合至 VT_2 组成的放大电路，放大后的信号由电容 C_3 输出，使压电陶瓷蜂鸣片 BC 发出超声波。

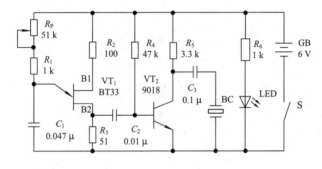

图 15-10　电子驱蚊器电路

2. 安装调试

　　(1) 全部电路元件可以安装在一块电路板上。最后将电路板固定在一个废旧袖珍收音机壳或肥皂盒内。压电陶瓷片 BC 可以直接用 502 胶水将其粘在机壳内原扬声器位置上。

　　(2) 本驱蚊器的驱蚊效果主要取决于电路的振荡频率。要反复调试电位器 R_P，使电路振在雌蚊最反感的频率上。此外，电路的输出功率大小也有很大的关系，输出功率大则驱蚊范围大效果好；反之，输出功率小则效果差。

　　(3) 为提高电路的输出功率，可以增加末级输出功率，最好的办法就是增加一级功率放大，将 6 V 改成 9 V 的层叠电池，以提高超声波的辐射强度。

3. 元件选用

　　单结晶体管选用 BT33，它由一个 PN 结组成，有三个电极，其测试方法与一般三极管测量方法不同；单结晶体管有一个 E 极(发射极)、两个基极(B1、B2)，因此又称双基极管。在读电路图时，要判别其极性，只要记住电路图中 E 极总是在 B1、B2 极间。

　　压电陶瓷片 BC 选用 HTD-27A 型。

15.10　三管音频放大器

　　三管音频放大器是一个设计小巧、线路简单但性能不错的放大器，适合于制作成耳机放大器或其他小功率放大器。由于该放大器的电路是一个很典型的功放电路，所以非常适合作为初学者学习功放电路原理之余，动手实践制作时的参考电路。

1. 电路原理

　　三管音频放大器电路如图 15-11 所示。输入极 VT_1 的基极工作电压等于两输出极三极管 VT_2、VT_3 的中点电压，一般为电源电压的一半，稳定这个电压由输出三极管的基极的两个二极管 VD_1、VD_2 控制。两个 3.3 Ω 的电阻 R_5、R_6 串联在输出三极管的发射极上，以稳定偏流。为减小环境温度、不同器件(如二极管、输出三极管)参数区别对电路的影响，当偏流增加时，输出三极管发射极与基极间电压会减小，以减小偏流。此电路输入阻抗为 500 Ω，在使用 8 Ω 扬声器时，电压增益为 5。

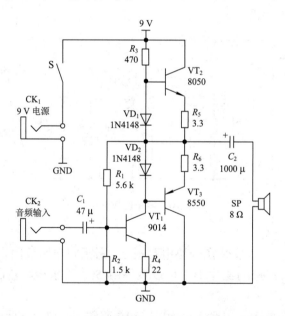

图 15-11　三管音频放大器电路

　　电路在不失真输出 50 mW 的功率时，扬声器上有约 2 V 左右的电压摆动。增加电源电压可提高输出功率，但此时应注意输出晶体管散热问题。在 9 V 电源电压时，电路耗电约 30 mA。

2. 安装调试

　　将电路安装在一块电路板上，只要元件安装无误便可成功，制作时要注意两个输出功率管放大倍数应接近。安装完后通电，从 CK_2 接入音频信号便可发声。

3. 元件选用

　　扬声器选用 8 Ω、0.5 W 的扬声器，其他器件参数可以参考图示选择。

15.11　LM317 可调实验电源

电子制作都需用直流电源工作，若用干电池供电，则电压调节不方便，同时干电池也用不了几次就要更换，实在是不方便。本电路采用集成稳压器件 LM317 制作直流电源，效果更好，又因可调输出电压，故适应范围大。

1. 电路原理

图 15-12(a)为电路原理图，图 15-12(b)为 LM317 引脚示意图。尽管 LM317 的最大输出电压可达 37 V，最大输出电流可达 2 A，但本制作仅要求其输出电压范围为 1.5～15 V，输出电流范围为 200～300 mA，故电源变压器只用 3～5 W、220 V/18 V 的即可。

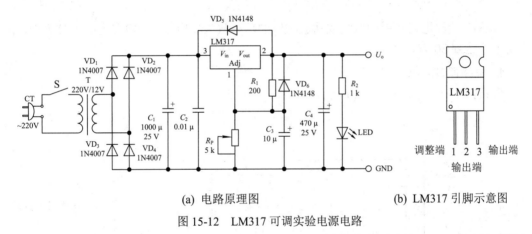

(a) 电路原理图　　　　　　　　(b) LM317 引脚示意图

图 15-12　LM317 可调实验电源电路

220 V 市电经变压器 T 降压，二极管 VD$_1$～VD$_4$ 桥式整流，电容 C_1、C_2 滤波后送入 LM317 的 3 脚输入，从 2 脚输出稳压直流电压。1 脚为调整端，调整端与输出端之间为 1.25 V 的基准电压。为了保证稳压器的输出性能，R_1 阻值应小于 240 Ω。为了使输出电压可调，调整端与地之间接可变电阻器 R_P，改变 R_P 的阻值即可改变输出电压。输出电压计算公式为 $U_o = 1.25(1 + R_P/R_1)$。

C_1(1000 μF)组成电容滤波电路，C_2(0.01 μF)用于滤除由市电引入的高频干扰，选用瓷介电容，C_3(10 μF)用于旁路基准电压的纹波电压，提高稳压电源的纹波抑制性能。在使用中，若负载为 500～5000 pF 的容性负载，稳压器的输出端会发生自激现象，电解电容器 C_4(470 μF)正是为此而设的，其还可以进一步改善输出电压的纹波。VD$_5$、VD$_6$ 是保护二极管，若输入端发生短路，C_4 的放电电流会反向流经 LM317，LM317 有可能被冲击坏，VD$_5$ 的接入可旁路反向击穿电流，使 LM317 得到保护。同理若输出端短路，C_3 上的放电电流被 VD$_6$ 短路起保护作用。图 7.10 中的 R_2 与 LED 为工作指示，当电源线插上市电插座后，若变压、整流、滤波、稳压正常，则发光二极管 LED 发光，R_2 为 LED 的限流电阻。

2. 安装调试

将电路安装在 PCB 板或者万能板上。检查元件焊接、电源变压器及电源线有无接错。用万用表 R×10 挡测试电源输出正端与负端的电阻值，应有几十至几百欧姆，不能为 0 Ω。

此后方可将电源线接入 220 V 的电源插座上，LED 灯亮，表示电源接通。再用万用表直流电压挡测量输出端的电压，调整电位器 R_P，看是否有电压变化，调整好需要的电压即可。若电压不变，或者电压变化跳动，则检查电位器 R_P 是否接错或者接触不良。

将输出端用两根软导线接上鳄鱼夹，红的接正端代表正，黑的接负端代表负，同时为了防止输出端鳄鱼夹相碰发生短路现象，可将正线接长一点。

3. 元件选用

电位器 R_P 选用带柄的普通电位器，方便调节电压。其他元件没有特殊要求，按电路标注选择即可。

15.12　LM317 功放电路

LM317 功放电路是用稳压集成功放制作的功率放大器电路，该电路为纯甲类工作，输出功率可达到 30 W。

1. 电路原理

LM317 功放电路如图 15-13 所示。

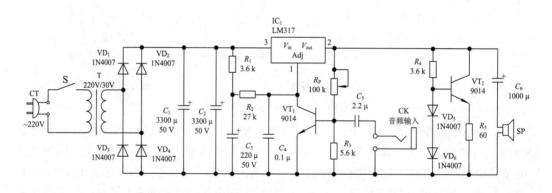

图 15-13　LM317 功放电路

市电通过变压器 T 降压，经过 $VD_1 \sim VD_4$ 整流，通过 C_1、C_2 滤波后给 LM317 供电。

晶体管 VT_1 作为电压放大器件，因稳压集成电路 IC_1 的输入阻抗高，故其工作电流只需 0.6 mA 就足够了，R_1、C_3 组成电源退耦电路，C_4 用于防止寄生振荡，R_P、R_3 组成分压电路给 VT_1 提供偏置及交直流反馈，以改善线性及直流稳定性。VT_2、R_4、R_5 及二极管 VD_5、VD_6 构成恒流源，用来提高电路的效率及输出功率，增大输出动态范围。

2. 安装调试

由于该电路特别简单，电路可以用万能板焊接，恒流源的恒定电流可设置在 10～15 mA，调试时将 LM317 的输出电压调整到电源电压的一半即可，静态电流约为十几毫安。

3. 元件选用

三端稳压 IC 选取 LM317；三极管 VT_1 选用 9014；VT_2 选用 8050 型；二极管 VD_5、VD_6 选用 2CP20；变压器的功率应大于 50 W。

15.13　全自动充电器

此电路可以一次对 4 节 5 号镍镉电池充电，电池充足电后，电路能自动停充。

1. 电路原理

全自动充电器电路如图 15-14 所示。充电器主要由电源电路、电压比较器及指示电路等组成。

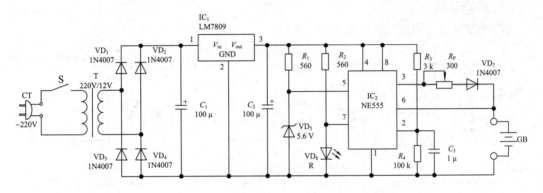

图 15-14　全自动充电器电路

市电通过变压器 T 降压，二极管 VD_1～VD_4 整流，三端集成稳压电路 IC_1 稳压及电容 C_1、C_2 滤波后给电路供电。电路通电后可输出稳定的 9 V 直流电压供充电器使用。

电压比较器由时基电路 IC_2 组成，在它的控制端 5 脚接有一个稳压二极管 VD_5(稳定电压 5.6 V)，所以将电路的复位电平定位在 5.6 V。发光二极管 VD_6 为充电指示器。

1 节 5 号镍镉电池正常工作电压为 1.2 V，充电终止电压为 1.4 V 左右。GB 为 4 节待充的镍镉电池，所以充电终止电压为 4×1.4 V=5.6 V。由于电容 C_3 两端电压不能突变，刚通电时，IC_2 的 2 脚为低电平，IC_2 被触发置位，3 脚输出高电平，此高电平经电位器 R_P、二极管 VD_7 向电池 GB 充电，改变 R_P 值可以调节充电电流的大小。此时 IC_2 的 7 脚被悬空，VD_6 亮，表示电路在充电。随着充电不断进行，GB 两端电压逐渐升高，当升至 5.6 V 时，IC_2 复位，3 脚输出低电平，充电自动终止，同时 IC_2 内部放电管导通，7 脚输出低电平，VD_6 熄灭表示充电结束。

2. 安装调试

将电路安装在一电路板上，注意稳压二极管不要接反，用导线将接电池的端子引出，接在电池盒上，将 4 节 5 号镍镉电池装入充电支架后，合上电源开关 S，便可开始充电。

3. 元件选用

IC_1 选择 LM7809 型三端稳压集成块，应为其加装铝质散热片。VD_1～VD_5 选用 IN4007 型硅整流二极管。VD_5 选用 5.6 V/0.5 W 的稳压二极管。VD_6 选用普通红色发光二极管。R_P 选用 2W 线绕电位器，R_1～R_4 均选用 1/8W 电阻器。C_1、C_2、C_3 选用铝电解电容。S 选用普通 1×1 电源小开关。T 选用 220 V/12 V、5 VA 小型优质电源变压器。

15.14　声光控延迟节能灯

声光控延迟节能灯是一种声光双控延迟节电照明灯,它可以直接取代普通照明开关而不必更改原有照明线路,白天或光线较强的场合即使有较大的声响也能控制灯泡不亮,晚上或光线较暗时遇到声响(如说话声、脚步声等)后灯自动点亮,经约 30 s(时间可设定)自动熄灭。适用于楼梯、走廊等只需短时照明的地方。

1. 电路原理

声光控延迟节能灯电路如图 15-15 所示。

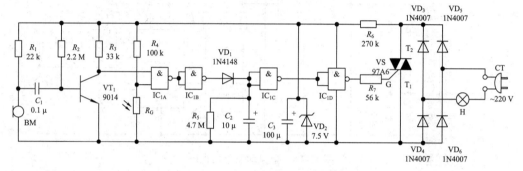

图 15-15　声光控延迟节能灯电路

二极管 $VD_3 \sim VD_6$ 组成桥式整流电路将市电变成脉动直流,再经 R_6 限流,VD_2 稳压,C_3 滤波输出 7.5 V 直流电为集成块 CD4011 及三极管 VT_1 提供电源。

白天光敏电阻 R_G 受光照电阻变小,IC_{1A} 输出始终为高电位,IC_{1B} 输出为低电位(电容不能充电),IC_{1C} 输出为高电位,IC_{1D} 输出为低电位,VS 不导通,灯不亮。

晚上光敏电阻阻值大,故 IC_{1A} 受 VT_1 的影响,无声音时,VT_1 集电极为低电位,故 IC_{1A} 输出为高电位,所以灯不亮。如果晚上有声音,通过麦克风接收 C_1 耦合到三极管,三极管集电极电压变化,IC_{1A} 的输入端都有高电平,故 IC_{1A} 输出低电平,IC_{1B} 输出高电平,通过 VD_1 给延时电容 C_2 瞬间充满电,IC_{1C} 便输出为低电平,IC_{1D} 输出为高电平,灯亮。

晚上当声音结束后,因为电容 C_2 里的电不能通过 VD_1 释放,只能通过 R_5 慢慢释放,当释放到不能维持 IC_{1C} 的输入高电平时,IC_{1C} 便输出高电平,IC_{1D} 输出低电平,灯灭。电路延时时间,取决于电阻 R_5 的大小或电容 C_2 的大小。电阻越大或电容越大延时时间越长。

2. 安装调试

只要元器件符合要求,本制作装毕便可工作。但由于元器件性能及参数误差,如果导致光控时间过早或过晚,可以改变电阻 R_4 的大小。若声控灵敏度低,可以增大电阻 R_1 的阻值。

3. 元件选用

与非门 IC_1 可用一块 2 输入端四与非门 CD4011 数字集成电路;VS 为 97A6 小型塑封双向晶闸管;整流二极管 $VD_1 \sim VD_4$ 可用 1N4007 型普通硅整流二极管,VD_2 选 7.5 V 稳压二极管,VD_1 可用 1N4148 型普通硅开关二极管;VT_1 可用 9013 型等硅 NPN 三极管;R_G

为 MG45 型光敏电阻器，BM 选用驻极体电容话筒。其他元件按电路选择即可。

15.15　光控 LED 照明灯

光控 LED 照明灯是一款具有光控功能的 LED 照明灯，它白天不工作，晚上自动点亮。该灯共用 42 支高亮白光发光二极管，每 3 支串联，然后再相互并联后接于电源两端，适用于楼梯、过道等地方作照明使用。

1. 电路原理

光控 LED 照明灯电路如图 15-16 所示。

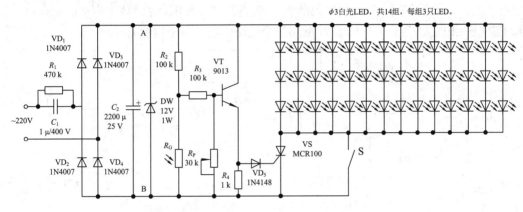

图 15-16　光控 LED 照明灯电路

220V 交流电经电容 C_1 限流、$VD_1 \sim VD_4$ 整流、C_2 滤波、DW 稳压，在 A、B 两端获得稳定的 12 V 直流电。在白天由于光敏电阻 R_G 受到自然光的照射呈现低阻值，三极管 VT 的基极电位低，而被反偏置，因此 VT 截止，单向可控硅 VS 门极为低电平被关断，LED 不亮。到天黑后光敏电阻 R_G 因无光照呈现高阻值，VT 导通，VS 的门极即有正向触发电压而导通，LED 通电发光。开关 S 为手动控制开关，只要 S 闭合，不管白天黑夜，LED 均能发光。

2. 安装调试

将 LED 有规律地安装在电路上的一个区域，由于人眼被发光二极管照射时会产生眩目，因此要对 LED 光源进行改造，使其光线产生漫反射，即将组装好的 LED 灯装入废弃的圆形吸顶灯罩内，R_G 放置在有自然光照射但月光照不到的地方即可。接上 220 V 交流电，慢慢调节 R_P，使得在白天 LED 不亮，晚上 LED 亮即可。注意稳压二极管工作在反向状态，不要接错。

3. 元件选用

C_1 选用耐压 400 V 以上的涤纶电容，可用电风扇电容代替；$R_1 \sim R_4$ 选用 1/2 W 金属膜电阻；R_P 选用小型可变电阻；整流二极管 $VD_1 \sim VD_4$ 选用 1N4007；电解电容 C_2 选用耐压 25 V 铝电解电容；R_G 选用 MC45 型光敏电阻器(亮阻不大于 5 kΩ，暗阻不小于 1 MΩ)。DW 选用 1 W/12 V 稳压二极管，VS 采用 1 A 单向可控硅，型号任选。

15.16 "拍即亮"延时小夜灯

"拍即亮"延时小夜灯,是卧室里的"好伙伴"。每当你拍一下手掌,这盏延时小夜灯就会自动点亮 1 分钟,待你起床方便或看完钟表后,它又会自动熄灭,非常实用有趣。

1. 电路原理

"拍即亮"延时小夜灯的电路如图 15-17 所示,它实际上是一个"声控延时小灯"电路。电阻 R_1、驻极体话筒 BM、电容 C_1、晶体三极管 VT_1、电阻器 R_2 和 R_3 等组成了声控脉冲触发电路。CMOS 时基集成电路 IC 与电阻器 R_4、电容器 C_2 等组成了典型单稳态延时电路。晶体三极管 VT_2、VT_3 和电阻器 R_5、R_6 等组成了 LED 灯的功率驱动放大电路。白光 $LED_1 \sim LED_6$ 组成了一个 LED 灯组。整个电路的电源由干电池 GB 提供。

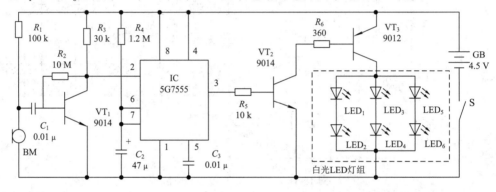

图 15-17 "拍即亮"延时小夜灯电路

平时,由于晶体三极管 VT_1 的偏流电阻器 R_2 取值较大,所以 VT_1 趋于截止状态,其集电极输出电压高于 $1/3V_{DD} = 1.5$ V(V_{DD} 等于电源电压,即 4.5 V),与之相连的时基集成电路 IC 的低电位触发端 2 脚处于高电平,单稳态电路处于稳态,电容器 C_2 两端通过 IC 的 7、1 脚被 IC 内部导通的三极管短路,IC 的 3 脚输出低电平,VT_2、VT_3 均无偏流而截止,LED 灯组不发光。

当在有效作用距离范围内拍一下手掌时,突发的声波被驻极体话筒 BM 接收,声音信号通过 C_1 耦合从 VT_1 的基极输入,使集电极输出负脉冲,时基集成电路 IC 的 2 脚即获得瞬间低于 $1/3V_{DD} = 1.5$ V 的低电平触发信号,使 IC 组成的单稳态电路受触发进入暂稳态(即延时状态),IC 的 3 脚输出高电平信号,VT_2 获得合适偏流导通,VT_3 进入完全饱和导通状态,LED 灯组发光。随着 IC 的 3 脚变为高电平,IC 内部导通的三极管截止,解除了对电容器 C_2 的短路,电池 GB 通过电阻器 R_4 开始向 C_2 充电。当 C_2 两端充电电压(即 IC 的高电位触发端 6 脚电位)达到 $2/3V_{DD} = 3$ V 时,单稳态电路翻转恢复稳态,IC 内部三极管重新导通,C_2 通过 IC 的 7、1 脚放电并被再次短路,IC 的 3 脚重新输出低电平,导致 VT_2、VT_3 失去偏流而截止,LED 灯组断电熄灭。

电路中,LED 灯组每次延时点亮的时间长短,取决于单稳态电路中电阻器 R_4、电容器 C_2 的时间常数,具体可通过公式:$t = 1.1R_4C_2$ 来估算。按图 15-17 选择 R_4 和 C_2 的数值,LED 灯组延时点亮的时间约为 1 min。

2. 安装调试

全部电路可用万能板焊接，可装入一体积合适的市售塑料动物玩具或其他造型的工艺品硬壳体内，以起到装饰美化作用。

使用时，可将延时小夜灯放置在床头桌上的钟表旁边，或者距离床头 3～5 m 以内的其他地方。在床头处通过击掌来检验电路工作性能。如果声控灵敏度不高，可通过适当增大电阻器 R_3 的阻值加以调整；反之，如果声控灵敏度太高，可通过适当减小 R_3 的阻值加以调整。R_3 阻值一般的选择范围为 10～150 kΩ。如果 R_3 阻值太大，IC 的 2 脚在静态时就已处于低电平(小于 1.5 V)，单稳态电路便不能正常工作，LED 灯组就会常亮不灭。如果 1 min 的延时时间太短，可通过适当增大电阻器 R_4 的阻值来加以调整；反之，如果延时时间太长，可通过适当减小 R_4 的阻值来加以调整。例如，当 R_4 阻值分别取 560 kΩ、1.8 MΩ、2.4 MΩ、3 MΩ 和 3.6 MΩ 时，所对应的延时时间依次约为 30 s、1.5 min、2 min、2.5 min 和 3.1 min。

3. 元件选用

IC 选用静态功耗很小的 CMOS 时基集成电路(又称"555"时基集成电路)，如 5G7555 或 ICM7555、CB7555、CH7555、SG7555 型等，它是一种模拟、数字混合集成电路。这种 CMOS 时基集成电路的静态电流极小，只有 75 μA 左右(4.5 V 工作电压下测定)，而且工作电压低(实测不低于 2 V 就能正常工作)。常用的普通 TTL 工艺生产的"555"时基集成电路，因其功耗大，要求工作电压较高(大于等于 4.5 V)，所以不适宜在本制作中使用。

15.17　BTL 功放电路

BTL 功放在供电电压相同的情况下，较一般的功放输出功率大，特别适用于电池供电的便携式产品。用 TDA2822M 制作的 BTL 小功放，可以推动小型音箱，适合用来作 MP3 随身听之类的小功率放大。

1. 电路原理

BTL 功放电路如图 15-18 所示。

CK$_1$ 为外接电源输入插座，S 为电源开关，C_3 为电源滤波电容。音频信号从 CK$_2$ 输入，从 TDA2822M 的 7 脚输入进行放大，再从 TDA2822M 的 1 脚、3 脚输出驱动扬声器发声。

该电路是一个单声道电路，如果需要立体声，只需要做两组相同的电路即可。

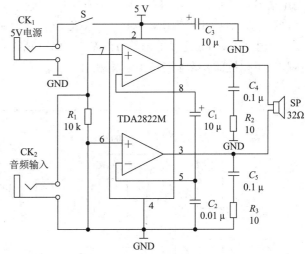

图 15-18　BTL 功放电路

2. 安装调试

按图装接无误后不用调试即可正常工作。因为电路简单，完全可以用万用板进行制作，如果能做一块 PCB 则成功率更高且更美观。安装完通电接上电源，从 CK$_2$

接入音频输入便可发声。可将此电路安装在一个小盒里，比如香皂盒，将 CK$_1$、CK$_2$ 接口露出，这样更美观。

3. 元件选用

所用的零件都是常用的，没什么特殊的要求。电路在 5 V 供电的情况下大概有 1～1.5 W 的输出功率。

15.18　红外线无线耳机的制作

夜间收看电视节目或听音乐时，为避免干扰他人休息，通常会使用耳机，此时若用导线将耳机连接至电视机，不但不雅观，而且影响人的活动。若采用红外线无线耳机即可避免上述弊端。

1. 电路原理

该红外线无线耳机由发射机和接收机两部分电路组成。发射机电路如图 15-19 所示。声音信号从电视机音频输出插座引出。电视机输出的音频信号经过 C_1 耦合至 VT$_1$ 进行一级放大后驱动红外线发光二极管 VD$_1$、VD$_2$ 发光，声音信号的变化引起 VD$_1$、VD$_2$ 发光强度的变化，即 VD$_1$、VD$_2$ 的发光强度受声音的调制。

接收部分电路如图 15-20 所示，该电路采用一块音频放大集成电路 LM386 进行功率放大。VD$_3$ 为红外线接收管。

当被音频信号调制的红外光照到 VD$_3$ 表面时，VD$_3$ 将接收的经声音调制的红外线光信号转换成电信号，即在 VD$_3$ 两端产生一个与音频信号变化规律相同的电信号，该信号经 C_9 耦合至 LM386 的 3 脚输入进行功率放大后从 5 脚输出，通过 C_5、CK$_1$ 输出至耳机发声。由于 LM386 可以输出约 0.5 W 的功率，所以该接收器可以同时供多副(1～4 副)耳机收听。

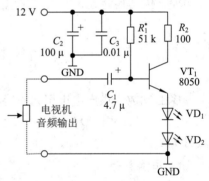

图 15-19　发射机电路

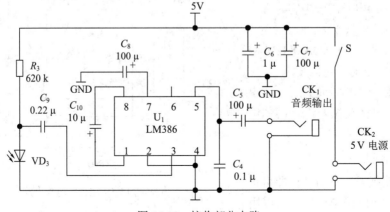

图 15-20　接收部分电路

2. 安装调试

安装时调节发射部分三极管 VT_1 的静态电流在 30 mA 左右。接收部分只要安装无误，不需调试即可工作。发射部分可以安装在电视机内部，由机内 12 V 电源供电。信号输入端接到音量电位器两端即可。对于伴音功放采用直流音量控制的电视机，可以在 C_1 前面串联一个 5.1 kΩ 的电阻后将输入端接到扬声器的两端。调节音量电位器，使其转发距离最远(3～4 m)且不失真即可。两只红外线发射管(VD_1、VD_2)在安装时，要考虑其辐射区范围，由于红外发射管的辐射角一般在 60° 左右，所以安装时要使它们的辐射空间范围有一部分重叠，如图 15-21 所示。

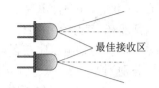

最佳接收区

图 15-21　红外发射管的辐射角度

需要注意的是，在使用该红外线耳机时最好将日光灯关闭，否则可能会有干扰杂音出现。

3. 元件选用

三极管 VT_1 选用中功率管 2SC8050；R_2 的功率要在 1/4 W 以上；VD_3 为红外线接收管(不要选用光电二极管，以免受干扰，影响接收效果)；VD_1、VD_2 宜选用外壳透明的品种，那些从外部不能看到内部电极的品种其通信距离将会很小。

15.19　霹雳灯的制作

霹雳灯电路适合装于出租车、摩托车或自行车上，夜间行驶时非常漂亮。

1. 电路原理

霹雳灯电路如图 15-22 所示。其核心部分是两块 LM324 四运算放大器，整个电路可以分为振荡器和电压比较器两部分。

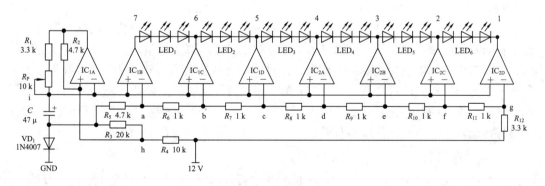

图 15-22　霹雳灯电路

运放 IC_{1A} 组成振荡器，当摩托车打开夜行开关时，霹雳灯的+12 V 电源被接通，这时+12 V 电压经 R_4、R_3 分压，h 点的电位 U_h 约为 8.6 V，由于电容 C 两端电压不能突变，此时 i 点电位约为 0 V，则运放 IC_{1A} 输出为高电平(约为 12 V)，此电压通过 R_1 和 R_P 对电容 C 充电，使 i 点电位慢慢升高，升高的速度可由 R_P 调节。当 U_i 上升到大于 U_h(8.6 V)时，运放 IC_{1A} 的输出由高电平变为低电平，这时 h 点的电位由 R_4、R_3、R_2 分压决定，其值 U_h 约为 3 V，此时电容 C 通过 R_P、R_1 开始放电，且 i 点的电位开始下降，下降的速度也可以由 R_P 调节。当 U_i 下降到低于 U_h(3 V) 时，运放 IC_{1A} 的输出又重新翻转为高电平，电容 C 又开始充电重复前面的过程，从而使图 15-22 中 i 点的电位 U_i 值从 3 V 慢慢增到 8.6 V，然后又慢慢地降到 3 V，这样形成了连续振荡。

IC_{1B}、IC_{1C}、IC_{1D}、IC_{2A}、IC_{2B}、IC_{2C}、IC_{2D} 这 7 个运放分别组成电压比较器，它们的同相端都连在一起接至图 15-22 中的 i 点，+12 V 电源经过 R_2、R_{11}、R_{10}、R_9、R_8、R_7、R_6、R_5 的分压，使得各电压比较器的反相输入端，即图 15-22 中的 a、b、c、d、e、f、g 各点的电位分别为 $U_a = 3.4$ V、$U_b = 4.3$ V、$U_c = 5.2$ V、$U_d = 6.0$ V、$U_e = 6.8$ V、$U_f = 7.7$ V、$U_g = 8.5$ V，这些点的电位始终不变，分别作为 U_i 的比较参考电压。U_i 刚开始升高时，U_i 值小于 U_a(3.4 V)，IC_{1B}~IC_{1D} 这 7 个运放的输出都是低电平，LED 都熄灭。当 U_i 升高到刚大于 U_a 时，IC_{1B} 的输出翻转为高电平，其他仍为低电平，此时 LED_1 点亮。当 U_i 继续升高到刚大于 U_b 时，IC_{1C} 的输出也变为高电平了，IC_{1B} 的输出仍为高电平，因而 LED_1 就熄灭，而 LED_2 点亮。这样随着 U_i 的不断升高，LED_3、LED_4、LED_5、LED_6 依次被点亮熄灭，从而实现灯光从左到右的流动。当 U_i 的值升到最高(8.6 V)时，7 个运放的输出全为高电平，LED 全部熄灭，由于 IC_{1A} 的振荡作用，U_i 开始下降。当 U_i 刚小于 U_g 时，IC_{2D} 的输出变为低电平，LED_6 点亮。当 U_i 继续下降到刚小于 U_f 时，IC_{2C} 的输出变为低电平，IC_{2D} 仍为低电平，因而 LED_6 熄灭，LED_5 点亮。这样随着 U_i 的不断下降，LED_4、LED_3、LED_2、LED_1 依次点亮熄灭，从而完成了从右至左的灯光流动过程。综上所述，当 U_i 升高时，LED 从左至右闪亮；U_i 降低时，LED 从右至左闪亮。由于 U_i 的值不停地升高、降低，从而使 LED 左、右不断地闪亮流动。

2. 安装调试

电路中 LED 安装在一个长条电路板上，其他元件装于另一块电路板上。主电路板与发光管组之间需要 7 根彩色排线对应焊接。只要安装无误，不需调试即可正常运行。改变 R_P 的值，发光管闪亮的速度即可随之改变，可根据个人的喜好进行调节。

LED_1~LED_6 为 6 组 LED，每 3 只串联为一组。发光管的组合安装可根据车型的具体位置灵活安排，如若想增多发光管只数，可每组设 6 只，每 3 只串联再并联。发光管组装形式通常有 3 种可以任意选择：一种为一行排列，可从左至右，然后从右至左往返发光；另一种也是一行排列，只是改变了 LED 的顺序，可以从中间向两边，然后从两边向中间循环发光；第三种是椭圆或圆形排列，可以正向、逆向交替旋转发光。发光管的颜色视各人喜好自选，可用单一红色或多种颜色组合，总之，以尽可能醒目靓丽为佳。

3. 元件选用

发光管 LED 可以用高亮度 $\phi 5$ 或 $\phi 8$ 的发光二极管，其他元件按电路图的标注选择即可。

15.20　双限值温度控制电路

在某些场合往往需要用到双限值的自动温度控制装置。如锅炉的热水循环系统，当锅炉里的水温烧到 85℃ 左右时，自动启动水泵，让热水开始循环，进行热交换；随着循环水温慢慢下降，当下降到 50℃ 左右时，自动停止水泵循环，待水温再次升到 85℃ 就再进行循环。

1. 电路原理

双限值温度控制电路如图 15-23 所示。

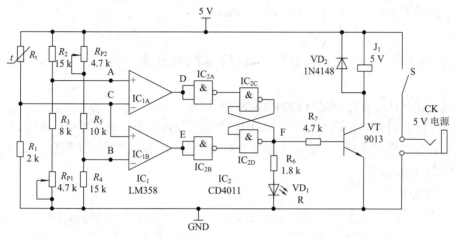

图 15-23　双限值温度控制电路

通过 R_{P1} 设定温度的下限值(如 50℃)，通过 R_{P2} 设定温度的上限值(如 85℃)，当锅炉温度达到 85℃ 时，循环水泵就自动接通电源开始使水循环。随着循环，水温下降到 50℃ 时，电路就自动停止循环水泵的供电，停止水循环。然后重复，达到利用两个限值自动控制水循环的目的。

IC_1 是双运放 LM358；IC_2 是四 2 输入与非门 CD4011。其中的 IC_{2C} 和 IC_{2D} 组成一个基本 RS 触发器，低电平有效，即 IC_{2B} 的输出为低电平时，F 点就为高电平，VT 导通，继电器工作，再接通交流接触器接通循环水泵的电源，水开始循环；IC_{2A} 的输出为低电平时，F 点就为低电平，VT 截止，停止循环。IC_{2A} 和 IC_{2B} 分别组成两个非门，使得基本 RS 触发器变为高电平有效，即 D 点为高电平时，F 点为低电平；E 点为高电平时，F 点为高电平。运放 IC_{1A} 和 IC_{1B} 都工作在非线性区，进行电压比较，当 $U+ > U-$ 时，运放输出(D 或 F 点)为高电平，否则为低电平。C 点的电位随 R_t 即锅炉的温度而变化。锅炉温度越高，R_t 值越小，U_C 就越大，经实际实验测得，锅炉温度从 45℃ 变到 90℃ 时，U_c 从 1.58 V 变到 3.01 V。A 点的电位，即下限值，由 R_2、R_3 和 R_{P1} 分压设定，通过 R_{P1} 可以使 U_A 的电位在 1.74~2.29 V 范围内设定。B 点的电位，即上限值 U_B 可以在 2.53~3.00 V 之间设定。随着温度变化，当 $U_C > U_B$ 时，E 点为高电平，则 F 点也为高电平。然后，由于 RS 触发器的作用(保持)，只有 $U_C < U_A$，D 点为高电平后，F 点才变为低电平。

此电路还可以用于其他很多双限值控制场合，比如水位控制、行程控制等，大家可以举一反三灵活运用。

2. 安装调试

将电路安装在电路板上。热敏电阻用导线引出一段，方便探测温度，继电器上的常开端串接一个 LED 和一个电阻作为负载，只要继电器吸合，LED 便亮，表示设备启动。只要电路安装无误，用电烙铁靠近热敏电阻模拟温度升高，撤离电烙铁模拟温度降低，调节电位器设定上限温度与下限温度便可。

3. 元件选用

R_t 使用的是玻封 NTC 型负温度系数热敏电阻(常温下 5 kΩ 的)；电位器可选用小型微调电位器或者精密电位器；继电器选用工作电压与电源相同的即可，继电器驱动负载的大小根据实际情况决定。其他元件按电路图标选择。

15.21　4017 循环彩灯

利用十进制计数脉冲分配器 CD4017 的 10 个输出端 $Q_0 \sim Q_9$ 各连一个发光二极管，当为 CD4017 输入时钟脉冲后，它所连接的 10 个发光二极管即按输出顺序依次发光。将 10 个发光二极管按直线排列，可以用作运动方向的指示器；如果排成一个圆环，又可表示物体或机构的旋转方向。

1. 电路原理

4017 循环彩灯电路如图 15-24 所示。该电路主要由 CD4017 和时钟脉冲组成。由 NE555 与电阻 R_1、R_P、C_1 组成的多谐振荡器电路，从 NE555 的 3 脚输出时钟脉冲作为 CD4017 的时钟脉冲从 CD4017 的 CP 端输入。CD4017 的输出端 $Q_0 \sim Q_9$ 各连有一个发光二极管，当有时钟脉冲不断从 CP 端输入时，输出端 $Q_0 \sim Q_9$ 便依次输出高电平，以驱动发光二极管 $VD_1 \sim VD_{10}$ 依次发光，按照它们所排列的形式，形成一个运动的图形。

2. 安装调试

电路全部安装在一个电路板上，注意 LED 要按 $Q_0 \sim Q_9$ 的顺序安装，这样才会有流动的效果，如果没有按此顺序安装，则 LED 亮的顺序就乱了。调节电位器 R_P 的阻值大小，可以用来调节 NE555 产生时钟脉冲的振荡频率，从而改变 LED 光点的运动速度。

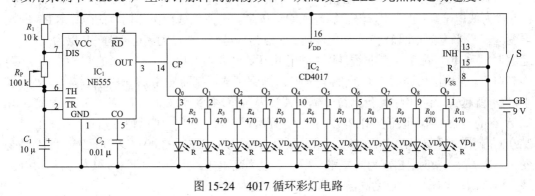

图 15-24　4017 循环彩灯电路

3. 元件选用

元器件没有特殊要求，按电路图标注选择即可。

15.22　遮挡式红外探测报警器

为防止盗贼入室，人们大多在窗外安装防护栏，但这种方法既不美观也不具有自动报警功能。一旦出现火灾，防护栏还会把主人封在室内出现人为的险情。因此此处设计了一种可替代传统防护栏的红外线探测报警装置，它可适用于门窗及仓库内部等多种环境，一旦盗贼进入防区遮挡红外光线后，就能自动发出报警声。使用该装置不需要封窗，可省去安装防护栏的大笔开支，既经济实用又不影响美观。

此报警装置除了用于民居门窗防盗之外，通过设置还可用于防止非法入侵，可通过数组收发装置，布置于围墙、走廊等各种防护区域，进行住宅边界防护和住宅内大面积防护等。如发现有人非法入侵(或盗抢)可自动报警。该系统既可单独使用，也可组建联网中心，形成防护带。

1. 电路原理

遮挡式红外探测报警器电路如图 15-25 所示。它由红外发射、接收装置和报警电路三部分组成，电路的核心部件是一块音频锁相环集成电路 LM567，该芯片在电路中既担任振荡器，又作选频接收，外围电路格外简单，成本低廉，且制作容易，无需调试，工作时不受电压温度的影响，可在多种环境下长期稳定工作。

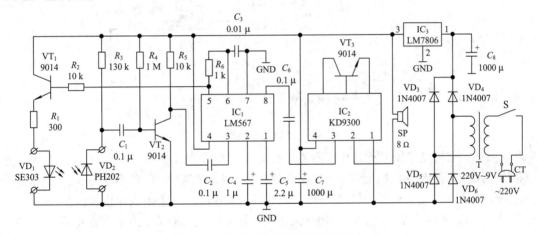

图 15-25　遮挡式红外探测报警器电路

目前市场上出现的红外报警器多由调制发射器和红外接收锁相解调器两部分组成。制作这种电路时，必须使发射器的频率与解调器的频率一致，否则就会使控制距离大为缩短，而且调试麻烦。当外界电压和温度发生变化时，对其工作频率还有一定影响，因此可靠性大为降低。在此处的设计中，调制发射和接收锁相解调均采用同一芯片，调制发射的频率即为锁相解调的频率，发射和接收始终保持同频，正好克服了以上缺点。

锁相环音频译码集成电路 LM567 的内部结构如图 15-26 所示。它采用 8 脚双列直插塑封，工作电压为 4.75～9 V，工作频率从直流到 500 kHz，静态工作电流约 8 mA。LM567 的内部电路及详细工作过程非常复杂，这里仅将其基本功能概述如下：LM567 的 5、6 脚内部是一个可控电压振荡器，所接电阻 R_6 和电容 C_3 决定了内部压控振荡器的中心频率 f，$f≈1/(1.1RC)$。5 脚产生的方波振荡信号经 VT_1 放大后驱动红外发射管 VD_1 发射红外脉冲，红外脉冲照射到 VD_2 后，使其两端产生一个同频的电压脉冲，该脉冲通过 C_1 被送至 VT_2 的基极，并由该管形成的反相器反转，使之形成与中心频率波形相同的方波，经 C_2 输入到 LM567 的 3 脚。由于振荡和锁相接收为同一振荡源，发射频率与中心频率相同。3 脚是 LM567 的输入端，要求输入信号大于 25 mV。8 脚是 LM567

的逻辑输出端，其内部是一个集电极开路的三极管，允许最大灌电流为 100 mA。当 LM567 的 3 脚输入幅度大于 25 mV、频率在其带宽内的信号时，8 脚输出低电平。此时报警音乐电路的触发端没有信号，电路不会报警。当有物体遮断红外脉冲时，8 脚输出立即变成高电平，报警器利用这个变化的电平去控制报警电路工作，使电路发出报警声。组成一个"遮挡式"红外线报警器。红外发射和接收探头一般安装在门窗的隐蔽位置，如果盗贼具有一定的反侦察能力，将红外探头剪断或破坏，其效果和遮挡红外光线的作用是相同的。

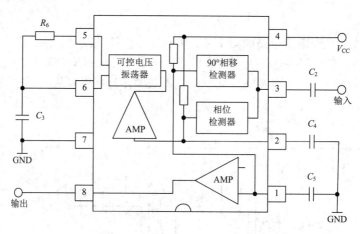

图 15-26　LM567 电路结构图

LM567 的 1、2 脚分别通过电容器 C_5、C_4 接地，形成输出滤波网络和环路单级低通滤波网络。C_4 决定锁相环路的捕捉带宽，电容量越大，环路带宽越窄。C_5 的容量应至少是 C_4 的两倍。除需要对准收发二极管的位置之外，本电路基本不用调试，且不受电压和温度的影响。

考虑到本装置长期工作，故采用交流供电。这里用变压器将 220 V 交流电降至 7.5 V，通过 $VD_3 \sim VD_6$ 整流和 C_8 的滤波，再经 7806 稳压输出 6 V 为电路供电。如果采用本装置监护重要的场所，还应考虑采用交直流不间断的电源供电。

电路中特意加了报警取消开关 S，当主人在监护范围内活动时，可将 S 断开，从而切断本装置的电源，可防止误报。当需要自动监护时，将此开关打开。

2. 安装调试

除开关、红外收发对管和扬声器之外，全部元器件都焊接在电路板上。本电路焊接完毕，只要没有错焊和虚焊，无需任何调整，接通电源即可正常工作。在使用过程当中，唯一需要调校的是红外发射和接收探头的安装位置。安装探头时需要遵循隐蔽的原则，探头和电路的连接导线应尽量隐秘，防止盗贼发现探头位置后从红外线探头防区外的死角窜入。本装置的电路部分应安装在探头防护区域的内部，否则盗贼很容易在行窃之前拆除报警器。此外接收和发射探头的安装位置是否得当也很重要，需要反复进行调整才能找到最佳的安装位置。探头位置如果得当，可使两探头之间的探测距离达 15 m 左右，如果位置不当，会使探测距离大为缩短。

3. 元件选用

锁环音频译码集成电路芯片 LM567 有不同的生产厂家，其型号可能会稍有变化，如

NE567、SE567 等；音乐芯片最好采用警笛叫声，如果条件限制，可以采用普通的触发音乐芯片，大多数的音乐芯片都是采用如图 15-27 所示的软(俗称黑胶)封装，在音乐芯片的电路板上往往接有一只三极管 VT_3 作功放，这只管子可采用普通的小功率硅管 SC9014；电路中的 VT_1 和 VT_2 可采用任何型号的 NPN 型小功率硅管；其他阻容元件的数值如图 15-25 电路中所标，红外发射接收器件采用红外遥控电视机专用的 SE303 和 PH202，只要是电视机红外遥控发射接收配套的对管，不论什么型号一般都可以使用；桥式整流二极管 $VD_3 \sim VD_6$ 采用四只 1N4007，稳压集成块采用塑封 7806；电源变压器用 3 W 的市售成品，次级电压应选 7.5 V，6 V 也勉强可用；扬声器用一般扬声器且要求音量稍小，建议采用 8 Ω 的报警器专用高音响扬声器。

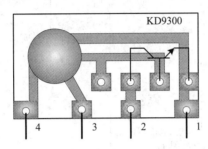

图 15-27　音乐片管脚图

15.23　555 延时电路的制作

1. 实训电路

555 延时电路如图 15-28 所示。

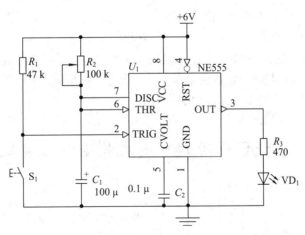

图 15-28　555 延时电路

2. 工作原理

当按下开关 S_1 时，2 脚呈现低电平，3 脚为高电平，发光二极管亮，由于 3 脚为高电平，使 555 的放电管截止，电容器 C_1 通过 R_2 充电，当电容两端的电压达到 $2/3V_{CC}$ 时，555 翻转，

3 脚即为低电平，LED 熄灭，完成一个定时过程。电路中电位器 R_2 用于调节定时时间长短。

15.24　温 控 电 路

1. 实训电路

温控电路如图 15-29 所示。

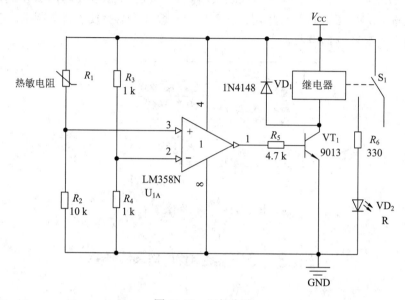

图 15-29　温控电路

2. 工作原理

R_1 是一个负温度系数的热敏电阻，随温度的增大而阻值减小。当温度减小时，R_1 电阻增大，R_2 的电压减小，当同相输入 R_2 的电压 U+ 小于反向输入端的电压时，电压比较器输出为 "0"，三极管不导通，继电器不工作，LED 灯也就不亮了；当温度升高时，R_1 电阻减小，R_2 的电压增大，当同相输入 R_2 的电压 U+ 大于反向输入端的电压时，电压比较器输出为 "1"，三极管导通，继电器工作，LED 灯亮。

15.25　S66E 六管超外差式收音机组装及调试

1. 组装

1) 电阻的安装

读取色环电阻阻值，并做好标记，将电阻的阻值选择好后，根据两孔的距离弯曲电阻引脚，可采用卧式紧贴电路板安装，也可以采用立式安装，高度要统一。

2) 电解电容、瓷片电容的安装

在安装电解电容时要求电容的管脚长度要适中，要正确判断管脚的正、负极，否则不能实现收音功能，并且电解电容要紧贴电路板立式安装焊接，太高就会影响后盖的安装。瓷片电容和电解电容一样，要求其管脚的长度要合适，在焊接瓷片电容时不必考虑它的正负极性。

　　3) 三极管的安装

　　S66E 收音机中有两种三极管。VT_5、VT_6 为 9013 属于中功率三极管，$VT_1 \sim VT_4$ 为 9018 或 9014 属于高频小功率三极管，在安装时，VT_1 选用低值(绿点或黄点)的三极管，VT_2 和 VT_3 选用中值(蓝点或紫点)的三极管，VT_4 选用高值(紫点或灰点)的三极管，否则装出来的效果不好。同时，要求电容和三极管管脚的长度要适中，不要剪得太短，也不要留得太长，使它们不要超过中周的高度。三极管要看清极性，矩形面朝自己方向从左至右管脚分别为 E、B、C。

　　4) 中频变压器(中周)的安装

　　中频变压器(简称中周)三只为一套，这三只中周在出厂前均已调在规定的频率上，装好后只需微调甚至不调，不要乱调。中周外壳除起屏蔽作用外，还起导线的作用，所以中周外壳必须接地。

　　5) 磁棒线圈的安装

　　磁棒线圈的四根引线头可以直接用电烙铁配合松香焊锡丝来回摩擦几次即可自动镀上锡，四个线头接在对应的印制板的焊盘上，即 a、b、c、d 点焊接前要仔细辨别 B、C 引脚，切不可弄反。

　　6) 双连拨盘的安装

　　由于调谐用的双连拨盘安装时离电路板很近，所以在它的圆周内的高出部分的元件引脚应在焊接前先用剪刀剪去，以免安装或调谐时有障碍。影响拨盘调谐的元件有 T_2 和 T_4 的引脚以及接地焊片、双连的三个引出脚、电位器的开关脚和一个引脚。

　　7) 耳机插座的安装

　　先将插座的靠尾部下面的一个焊片往下从根部弯曲 90° 插在电路板上，然后再用剪下来的一个引脚的一端插在靠尾部上端的孔内，另一端插在电路板对应的 J 孔内，焊接时的速度一定要快，以免烫坏插座的塑料部分，影响电路的导通。

　　8) 变压器的安装

　　T_5 为输入变压器，线圈骨架上有突点标记的为初级，印制版上也有圆点作为标记。安装时不要装反(还可以配合万用表测量进行分辨)。

　　9) 发光二极管和喇叭的安装

　　发光二极管主要用来进行收音机开关的指示，当开关打开时发光二极管亮，反之则不亮。它的接法按照图 15-30 所示弯曲成型，然后直接插到电路板上焊接即可，安装时要注意二极管的正负极。把喇叭放好后，如果松动，可用电烙铁将其周围的三个塑料桩靠近喇叭的边缘烫下去把喇叭压紧，以免其松动不稳。

　　总之，焊接前要看清电阻阻值大小，并用万用表校核。电容、三极管要看清极性，一旦焊错要小心地用烙铁加热后取下重焊。取下的动作要轻，如果安装孔堵塞，要边加热，边用针通开。电阻的读数方向要一致，色环不清楚时要用万用表测定阻值后再装。上螺丝、螺母时用力要合适，不可用力太大。焊接完毕，应仔细检查电路是否有虚焊、假焊和短路的地方，电阻是否有阻值接错的，电容、发光二极管是否有正负极反了的，三极管的 E、B、

C脚是否接对，中周的型号是否有误等。应逐步分析，发现错误及时纠正，以免通电后烧坏元件。安装好后的收音机及印制电路板见图15-30、图15-31，电路图如图15-32所示。

图 15-30　安装好的收音机

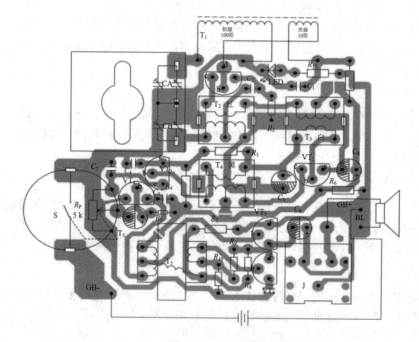

图 15-31　印制电路板

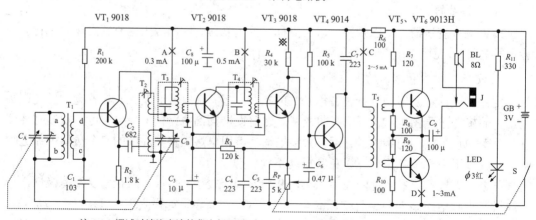

注：1、调试时请注意连接集电极回路A、B、C、D（测集电极电流用）
　　2、中放增益低时，可改变R_4的阻值，声音会提高。

图 15-32　电路图

2. 调试

调试是为了使收音机能正常工作,将调试好的部件组装成整机后,不可能都处在最佳配合状态,而满足整机的技术指标。所以,单元部件经组装后一定要进行整机调试。

首先,按直观检查的方法对整机进行外观检查。外观检查有如下内容:焊接质量检查、电池夹弹簧检查、频率刻度指示检查、旋钮检查、耳机插座检查、机内异物检查等。结构调整主要是检查印制电路板各部件的固定是否牢靠,有无松动,各接插件间接触是否良好,机械转动部分是否灵活。

其次,对电路电流进行测量。将电位器开关关掉,装上电池用万用表的 50 mV 档来测量,表笔跨接在电位器开关的两端(黑色表笔接电池负极,红色表笔接开关的另一端),若电流指示小于 10 mV,则说明可以通电,将电位器开关打开(音量旋至最小即测量静态电流)用万用表分别依次测量 D、C、B、A 四个电流缺口,若被测量的数值在规定的参考值左右(D—2 mA,C—5 mA,B—0.5 mA,A—0.3 mA)即可用电烙铁将四个缺口依次连通,再把音量开到最大,调双连拨盘即可收到电台。否则若测量哪一级电流不正常,则说明那一级有问题,应仔细检查三极管的极性有没有装错,中周、输入变压器是否装错位置以及是否有虚假错焊等。在安装电路板的时候注意把喇叭及电池引线埋在比较隐蔽的地方,并且不要影响调谐拨盘的旋转并避开螺丝桩子,电路板挪位后再上螺丝固定。当测量结果不在规定的电流值的范围时,则要仔细检查三极管的极性是否装错,中周是否装错以及是否有虚焊等,若测量哪一级电流不正常则说明那一级电流有问题。如果都没问题,那就可以试试能不能收到声音了。

习 题 15

自由选择几个电路进行实训制作。

参 考 文 献

[1]　徐根耀. 电子元器件与电子制作[M]. 北京：北京理工大学出版社，2009.

[2]　汪西川. 常用电子器件原理及典型应用[M]. 北京：机械工业出版社，2012.

[3]　赵广林. 常用电子元器件识别/检测/选用一读通[M]. 北京：电子工业出版社，2007.

[4]　王港元. 电工电子实践指导[M]. 南昌：江西科学技术出版社，2003.

[5]　韩雪涛. 电子元器件从入门到精通[M]. 北京：化学工业出版社，2019.

[6]　韩英歧. 电子元器件应用技术手册：元件分册[M]. 北京：中国标准出版社，2012.

[7]　韩英歧. 电子元器件应用技术手册：微电子器件分册[M]. 北京：中国标准出版社，2010.

[8]　陆绮荣. 电子测量技术[M]. 4 版. 北京：电子工业出版社，2016.

[9]　何宾. 模拟电子系统设计指南(基础篇)：从半导体、分立元件到 TI 集成电路的分析与实现[M]. 北京：电子工业出版社，2017.

[10]　韩雪涛. 电子元器件识别、检测、选用与代换[M]. 北京：电子工业出版社，2019.

[11]　赵广林. 常用电子元器件识别/检测/选用一读通[M]. 3 版. 北京：电子工业出版社，2017.

[12]　张宪，张大鹏. 电子元器件检测与应用手册[M]. 北京：化学工业出版社，2012.

[13]　张宪，张大鹏. 电子元器件的选用与检测[M]. 北京：化学工业出版社，2015.

[14]　张宪，康晓明，张大鹏. 万用表检测电子元器件和电路[M]. 北京：化学工业出版社，2014.

[15]　王加祥，曹闹昌. 电路板的焊接、组装与调试[M]. 西安：西安电子科技大学出版社，2016.

[16]　张校铭. 从零开始学电子制作[M]. 北京：化学工业出版社，2019.

[17]　张校铭. 从零开始学电子电路设计[M]. 北京：化学工业出版社，2019.

[18]　张振文. 电工电路识图布线接线与维修[M]. 北京：化学工业出版社，2019.

[19]　BRINDLEY K. 零基础学电子[M]. 北京：人民邮电出版社，2015.